供电企业岗位技能培训教材

配电线路运行与维护

山西省电力公司　组编

中国电力出版社
CHINA ELECTRIC POWER PRESS

内容提要

　　《供电企业岗位技能培训教材》丛书由山西省电力公司组织编写，该套教材的编撰贯彻了"以现场需求为导向，以提高技能为核心"的指导思想，立足现场、力求实用，旨在提高职工解决实际问题的能力。丛书第一批 11 个分册，包括变电运行、线路运行与维护、电网自动化、电网调度、继电保护、变电检修、用电检查、业扩报装、电能计量、抄表核算收费和 95598 客户服务；第二批 8 个分册，包括配电线路运行与维护、电力电缆、输配电线路带电作业、电力通信、农网营销、农网配电、电气试验和油务化验。

　　本书为《配电线路运行与维护》分册，根据配电线路运行与维护岗位相关知识和技能要求进行编写。本书共分六章，主要内容包括配电线路基础，配电线路设计、施工与验收，配电线路的运行管理，配电线路的检修，配电线路典型故障分析与处理，配电作业工器具。每章后均附有复习思考题。

　　本书可作为供电企业配电线路运行与维护专业技术人员的培训教材，也可供相关专业的技术与管理人员参考使用。

图书在版编目（CIP）数据

配电线路运行与维护/山西省电力公司组编 . —北京：中国电力出版社，2012.6（2023.1重印）

供电企业岗位技能培训教材

ISBN 978 - 7 - 5123 - 2593 - 7

Ⅰ.①配… Ⅱ.①山… Ⅲ.①配电线路－电力系统运行－技术培训－教材②配电线路－检修－技术培训－教材　Ⅳ.①TM726

中国版本图书馆 CIP 数据核字（2012）第 006628 号

中国电力出版社出版、发行

（北京市东城区北京站西街 19 号　100005　http：//www.cepp.sgcc.com.cn）

三河市航远印刷有限公司印刷

各地新华书店经售

*

2012 年 6 月第一版　　2023 年 1 月北京第五次印刷

787 毫米×1092 毫米　16 开本　13.25 印张　310 千字

印数 6501—7000 册　定价 **40.00** 元

电力工业是关系国计民生的基础能源产业，电网的稳定运行直接关系到国民经济的发展。2008 年初的南方冰雪灾害更让人们深刻体会到电网的安全运行对人民群众日常生活的重要性。当前，电力工业已进入大机组、高参数、高电压、高自动化的发展时期，新技术、新设备、新工艺不断涌现，现代电力企业对职工的专业技能水平提出了更高的要求。要实现国家电网公司"一强三优"的企业目标，广大的电力工作者就必须不断地学习新技术、新知识、新技能，全面提高自身的综合素质。

山西省电力公司一直高度重视职工的教育培训工作，把该项工作重点纳入企业的发展规划当中，不断加大培训的投入力度，努力创建学习型企业。为适应新形势下员工培训的需求，使员工培训做到有章可循、有据可依，山西省电力公司组织编写了《供电企业岗位技能培训教材》，内容涵盖了变电运行、线路运行与维护、变电检修、继电保护、电网调度、电网自动化、电力营销等专业领域。本套教材的编撰贯彻了"以现场需求为导向，以提高技能为核心"的指导思想，力求从实用角度出发，提高职工解决实际问题的能力，更适合一线职工学习和提高技能的需要。同以往的培训教材相比，本套教材具有以下特点：

（1）在整套教材的编写中突出了对实际操作技能的要求，不再人为地划分初、中、高技术等级，不同技术等级的培训可以根据实际情况，从教材中选取相关内容。在每一章结束时，均附有复习思考题，对本章的重点和难点内容进行温故，便于读者自学参考。

（2）教材的编写体现了为企业服务的原则，面向生产、面向实际，以提高岗位技能为导向，强调"缺什么补什么、干什么学什么"的原则。

（3）教材力求更多地反映当前的新技术、新设备、新工艺以及有关生产管理、质量监督和专业技术发展动态的内容。

《供电企业岗位技能培训教材》的编写人员主要由山西省电力公司的技术专家、多年从事教学工作的高级讲师组成，在编写前期经过了充分地论证，编写过程中经过了数次审定、多次修改，历时数月，终于告罄。在此，谨希望本套教材的出版，对广大电力职工技能水平的提高起到一定的指导作用，为建设"一强三优"的现代企业作出更大的贡献！

王拧祥

2008 年 8 月

随着国家经济的快速发展，人民生活水平持续改善，对电力供应水平和质量不断提出新的要求，城乡电网的安全稳定运行对人民群众日常生活起到重要的作用。按照国家配网规划，城乡电网逐步向"标准化、小型化、无油化、自动化"发展，新技术、新设备、新工艺、新材料不断涌现，配网自动化水平不断提高，必将对配网相关专业技能人员素质提出更高的要求。

配电网是电网的重要组成部分，它直接面对用户，直接关系到对用户的安全、可靠供电。近年来，由于经济发展势头强劲，工业化、城市化进程加快，配电网不断建设和大规模改造，对一线员工的专业技能水平提出了更高的要求，为实现国家电网公司"一强三优"和"十二五规划"的企业目标，配网专业技能人员必须不断地学习新知识，熟练掌握新技能，全面提升自身综合素质。

为此，太原供电公司组织配电专业的技术专家、技能专家和专业技术骨干编写此教材，参编人员均具有丰富的现场经验，能够结合现场一线员工的需求组织书稿内容，从而达到实训目的。在编写前期，编写人员深入基层单位配电班组进行调研，收集现场需求，组织配电专家进行分析、研讨，邀请山西省电力公司专家审稿，并多次将书稿反馈到基层班组完成审核和修编循环，以确保书稿编写质量。

《配电线路运行与维护》包括六章，第一章为配电专业技能人员必备的理论基础知识，由任勇、武永平、赵浩波编写；第二章介绍配电线路设计、施工与验收的原则和要求，由任勇、弓建新、尹丽萍编写；第三章介绍配电线路的运行管理知识，由张满宏编写；第四章介绍配电线路检修项目的操作方法，由李毓文、吴小芳编写；第五章介绍配电线路典型故障分析与处理方法，由曹卫东编写；第六章介绍配电作业工器具的使用，由石继勇、尹丽萍编写。

由于编者水平有限，时间仓促，书中疏漏不足在所难免，敬请广大读者批评指正。

编 者

2012 年 3 月

第一章

配 电 线 路 基 础

本章主要介绍了配电线路的基础知识，对配电线路的基本构成和特点进行介绍；对常用配电线路保护知识及地理信息系统、配电线路自动化进行了简要阐述。

▷ 第一节 概　　述

本节主要介绍了 10kV 配电线路的分类，架空线路、绝缘线路、电缆线路、混合线路以及配电线路的功能，配电网的概念，配电线路的接地方式等。

一、配电网概念

配电网的主要功能是从输电网接受电能，并逐级分配或就地消费，即将高压电能降低至方便运行又适合用户需要的各级电压，组成多层次的配电网向用户供电。配电网示意简图见图 1-1。本书主要介绍中压配电系统。

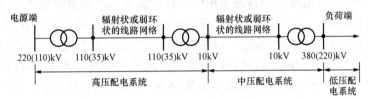

图 1-1　配电网示意简图

二、配电网的分类

（1）按电压等级分为高压配电网（110、63、35kV），中压配电网（10kV）和低压配电网（0.4kV）。

（2）按所在地域或服务对象分为城市配电网和农村配电网。

（3）按配电线路形式分为架空配电网和电缆配电网。

三、配电网络的结构

（一）放射式配电网

放射式配电网示意图见图 1-2。

一路配电线路自变电站（开关站）引出，按负荷的分布情况，呈放射状延伸出去，散布于整个供电区域，所有用电点的电能只能通过单一的路径供给。放射式配电网主干线路一般要求分 3～4 段，每段线路配电变压器装接容量应控制在 2.5～3MVA，供电半径宜为 3～8km，不宜超过 10km。由于辐射网络不存在线路故障后的负荷转移，可以不考虑线路的备用容量，每条线路可满载

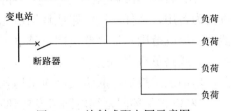

图 1-2　放射式配电网示意图

运行，即正常最大供电负荷不超过该线路安全载流量。在条件允许情况下，主干线路分段开关采用断路器，尽可能快速切除线路故障。这种接线方式适用于城郊或农村非重要用户的线路。

（二）环式配电网

环式配电网示意图见图 1-3。

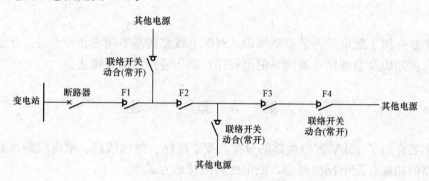

图 1-3 环式配电网示意图

环式配电网又分为"手拉手"环网和"网格式"环网。

1．"手拉手"环网

"手拉手"环网是目前城网中普遍使用的一种接线方式（示意图见图 1-4），通过主干线路末端之间的直接联络，实现环网接线，开环运行。这种接线具有运行方便、接线简单、投资省、建设快等特点；对于架空线路，只要在主干线路上安装杆上开关即能实现。当主干线路任一段线路或环网设备故障、检修时，可通过分段开关切换，确保非故障段正常供电，大大提高供电可靠性。但该接线方式要求每条线路具有 50％的备供能力，即正常最大供电负荷只能达到该线路安全载流量的 1/2，以满足配电网络 N-1 安全准则要求；一般每条线路配电变压器装接容量不超过 10MVA。

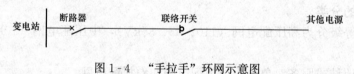

图 1-4 "手拉手"环网示意图

"手拉手"环网需要考虑 50％的备供能力，网络接线经济性差，但它对提高配电网供电可靠性、简化配电网络接线十分有效。比较适用于对供电可靠性要求较高，负荷密度不高，用电增长速度较快的城网。

2．"网格式"环网

"网格式"环网是在"手拉手"环网的基础上增加每一分段线路与其他线路的联系，实现互为备用，当任一段线路或环网单元故障、检修时，均不影响另一段线路正常供电，尽可能缩小停电范围，提高配电网络供电可靠性。这种接线每条线路只需裕留 1/3 或 1/4 的备用容量，线路负载率高达 67％或 75％，大大提高了配电线路利用率；但由于需要架设联络线路，增加线路投资，联络线路应采用就近引接。"网格式"环网示意图见图 1-5。

"网格式"环网是配电网络发展到一定程度之后的一种比较完善的接线方式，运行方式高度灵活、供电可靠性高，但网络接线复杂、网络扩展性差。适用于配网自动化水平较高、负荷增长缓慢或趋于饱和的城网。

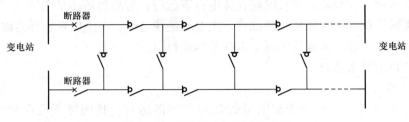

图 1-5 "网格式"环网示意图

四、配电网中性点接地方式

1. 中性点接地方式分类

(1) 有效接地包括中性点直接接地和中性点经低值阻抗接地两种。

(2) 非有效接地包括中性点经消弧线圈接地、高阻抗接地和中性点不接地。

2. 配电网中性点接地方式

(1) 20、10kV 配电网中性点接地方式的选择应遵循以下原则：

1) 单相接地故障电容电流为 10A 及以下时，宜采用中性点不接地方式；

2) 单相接地故障电容电流为 10～150A 时，宜采用中性点经消弧线圈接地方式；

3) 单相接地故障电容电流达到 150A 以上时，宜采用中性点经低电阻接地方式，并应将接地电流控制在 150～800A。

(2) 35kV 架空配电网宜采用中性点经消弧线圈接地方式；35kV 电缆配电网宜采用中性点经低电阻接地方式，宜将接地电流控制在 1000A 以下。

(3) 20、10kV 电缆和架空混合型配电网，如采用中性点经低电阻接地方式，应采取以下措施：

1) 提高架空线路绝缘化程度，降低单相接地跳闸次数；

2) 完善线路分段和联络，提高负荷转供能力；

3) 合理降低配电网设备、设施的接地电阻，将单相接地时的跨步电压和接触电压控制在规定范围内。

3. 中性点经消弧线圈接地方式存在的问题

随着电缆在配电线路中所占的比重越来越大，中性点经消弧线圈接地方式出现了一些问题。

(1) 单相接地故障点所在线路的检出，一般采用试拉手段。在断路器对线路试拉过程中，有时将产生幅值较高的操作过电压。

(2) 中性点经消弧线圈接地系统和中性点不接地系统相比，仅能降低弧光接地过电压发生的概率，并不能降低弧光接地过电压的幅值。

(3) 中性点经消弧线圈接地的系统在某些条件下，会发生谐振过电压。

(4) 由于电缆为弱绝缘设备，所以电缆单相接地故障在故障点检出过程中，由于工频或暂态过电压的长时间作用，常发展成相间故障，造成一线或多线跳闸。

(5) 以电缆为主的配电网，当发生单相接地故障时，其接地残流较大，运行于过补偿的条件经常不能满足。

（6）单相接地时，非故障相电压升高至线电压甚至更高，在不能及时检出故障点线路情况下，无间隙金属氧化物避雷器长时间在线电压下运行，容易损坏甚至爆炸。

（7）电缆故障的原因，从统计情况看，主要是绝缘老化、电缆质量、外力破坏等，一般都是永久性故障，当发生接地故障时不应带故障运行。

五、配电网的发展趋势

1. 简化电压等级

尽量减少降压层次，有利于配电网的管理和经济运行。我国降压层次常用的有 220/110/35/10kV、220/110/10kV、220/63/10kV 三种，显然第三种比第一种经济，而第二种比第三种经济。

2. 减小线路走廊和占地

随着城市的建设发展，配电网的占地矛盾日益突出，采用窄基础铁塔、钢管塔、多回路线路可有效减小线路走廊，将配电装置向半地下和地下及小型成套发展。电缆隧道和公用事业管道共用将进一步推广。

3. 配电线路绝缘化

采用绝缘架空线路可有效解决树线矛盾，减少事故率、触电伤亡和短路事故，同时架设空间可大大缩小，减少线路损耗。

4. 采用节能型金具

在线路通过电流的情况下，使用节能型金具可以做到不产生或较少的电能损耗（相对于老的金具而言）。

5. 配电网自动化

配电自动化可减少停电时间，提高供电可靠性，提高供电质量，改善用户服务质量，降低电能损耗，提高设备的利用率。

按典型接线方式对可靠性要求较高的区域一次配电网架进行网架梳理和优化改造，对重载线路进行负荷分流，使其满足 N-1 的负荷转供要求。在坚强一次网架的基础上，建设覆盖特定区域范围、符合 IEC 61968《电气设备的应用集成》的要求、以"信息化、自动化、互动化"为特征的配电自动化主站系统。完成配电自动化和通信网络全覆盖，实现配电自动化，支持配电网调控一体化管理方式。采用以光纤专网为主，电力载波、无线公网作为补充的通信方式。

▶ 第二节　架空配电线路

一、架空裸导体线路

1. 导线

（1）近年来，随着对配电网运行要求的提高，架空裸导体线路一般用于农村乡镇电网。处于以下地段的城镇配电线路，应避免采用架空裸导体线路的情况。

1）线路走廊狭窄的地段。

2）高层建筑邻近地段。

3）繁华街道或人口密集地区。

4）游览区和绿化区。

5）空气严重污秽地段。

6）建筑施工现场。

（2）导线的连接，应符合下列规定：

1）不同金属、不同规格、不同绞向的导线，严禁在档距内连接。

2）在一个档距内，每根导线不应超过一个连接头。

3）档距内接头距导线的固定点的距离，不应小于0.5m。

4）钢芯铝绞线、铝绞线在档距内的连接，宜采用钳压方法。

5）铜绞线在档距内的连接，宜采用插接或钳压方法。

6）铜绞线与铝绞线的跳线连接，宜采用铜铝过渡线夹。

7）铜绞线、铝绞线的跳线连接，宜采用线夹、钳压连接方法。

（3）导线连接点的电阻不应大于等长导线的电阻，档距内连接点的机械强度不应小于导线计算拉断力的95%。

（4）配电线路的铝绞线、钢芯铝绞线，在与绝缘子或金具接触处，应缠绕铝包带。

2. 绝缘子、金具

（1）配电线路绝缘子的性能，应符合现行国家标准（行业标准）各类杆型所采用的绝缘子，且应符合下列规定：

1）直线杆采用针式绝缘子或瓷横担。

2）耐张杆宜采用两个悬式绝缘子组成的绝缘子串或一个悬式绝缘子组成的绝缘子串。

3）结合地区运行经验，采用有机复合绝缘子或绝缘子和金具一体化的节能产品。

（2）在空气污秽地区，配电线路的电瓷外绝缘应根据地区运行经验和所处地段外绝缘污秽等级，增加绝缘的泄漏距离或采取其他防污措施。

（3）配电线路采用钢制金具应热镀锌，且应符合DL 768.7—2002《电力金具制造质量 钢铁件热镀锌层》的技术规定。

3. 导线排列

（1）10kV配电线路的导线应采用三角排列、水平排列、垂直排列。1kV以下配电线路的导线宜采用水平排列。城镇的10kV配电线路和1kV以下配电线路宜同杆架设，且应是同一电源并应有明显的标志。

（2）10kV配电线路的档距宜为40～50m，耐张段的长度不宜大于1km。

（3）配电线路导线的线间距离，应结合地区运行经验确定。如无可靠资料，导线的线间距离不应小于0.6m。

（4）1～10kV配电线路架设在同一横担上的导线，其截面差不宜大于三级。

（5）配电线路的导线与拉线、电杆或构架间的净空距离，不应小于下列数值：

1）1～10kV为0.2m。

2）1kV以下为0.1m。

二、架空绝缘线路

1. 架空绝缘导线的规格

（1）线芯：铝和铜两种。在配电网中，铝芯应用比较多，铜芯线主要是作为变压器及开关设备的引下线。

（2）绝缘材料：绝缘层有厚绝缘（3.4mm）和薄绝缘（2.5mm）两种。厚绝缘的运行时允许与树木频繁接触，薄绝缘的只允许与树木短时接触。绝缘保护层又分为交联聚乙烯和轻型聚乙烯，交联聚乙烯的绝缘性能更优良。

（3）强度：若耐张线夹直接夹在导线绝缘层上，为防止导线拉力过大，使绝缘层产生裂纹或退皮。一般绝缘导线的最大使用应力均取用 41N/mm² 左右。架空绝缘线路的档距应控制在 50m 为宜。耐张长度不宜大于 1000m。

（4）绝缘导线载流量：10kV、XLPE 绝缘架空绝缘电线（绝缘厚度 3.4mm）在空气温度为 30℃时的长期允许载流量见表 1-1。绝缘导线的载流量比裸导线载流量要略小。

表 1-1　　　　10kV、XLPE 绝缘架空绝缘电线（绝缘厚度 3.4mm）在空气温度为 30℃时的长期允许载流量

导体标称截面(mm²)	长期允许载流量(A)			导体标称截面(mm²)	长期允许载流量(A)		
	铜导体	铝导体	铝合金导体		铜导体	铝导体	铝合金导体
25	174	134	124	120	454	352	326
35	211	164	153	150	520	403	374
50	255	198	183	185	600	465	432
70	320	249	225	240	712	553	513
95	393	304	282	300	824	639	608

（5）10kV、XLPE 绝缘薄绝缘架空绝缘导线（绝缘厚度 2.5mm）在空气温度为 30℃时的长期允许载流量参照绝缘厚度 3.4mm，10kV、XLPE 绝缘架空绝缘电线长期允许载流量。

2. 架空绝缘线路存在的问题

（1）雷击易断线。

（2）防水问题。

（3）强度较低。

（4）检修挂接地线困难。

（5）退皮。

3. 解决问题的一般措施

（1）减少雷击断线措施。

1）安装架空地线或耦合地线。主要是将幅值很大的雷电过电压转化为电流，经很低的杆塔接地电阻排泄出去，从而大幅度降低雷电过电压，使导线得到保护。

2）安装氧化锌避雷器或过电压保护器可以限制感应过电压幅值，在雷击闪络后吸收放电能量，阻止工频续流起弧，达到保护导线的目的。

3）安装防弧金具可使雷电过电压均在防弧金具与绝缘子钢脚之间定位闪络，接续的工频短路电流电弧的弧根固定在防弧金具上燃烧，从而保护导线免于烧伤。

4）提高线路绝缘耐压水平。确保只在特别高的雷电感应过电压作用下闪络，工频续流时因放电爬距大无法建弧而熄灭。

（2）防水措施。

1）采用无钢芯铝导线。

2）耐张线夹采用绝缘线夹。

3）所有破口处采用高压自粘绝缘胶带或热缩管恢复绝缘。

4）施工时采用楔形线夹开口朝下。

（3）增加强度措施。

1）减小档距（不超过 50m）。

2）调整弧垂，减小导线运行应力。

3）增大导线间距，减少外力破坏概率。

4）固定导线要有防止导线在线夹内滑动的措施。

（4）挂接地线。安装接地环，但需采取绝缘带缠绕等防水措施，同时破口处应选择非承受沿线拉力处，防止发生跑线问题。

（5）退皮。根据冬夏季室外气温变化情况，对于档距大于 40m 的线路，可以采取放大或缩小导线弛度的办法防止发生导线退皮；对于档距小于 40m 的线路，可以采取松开绑线或线夹，释放导线承受的张力的办法防止发生导线退皮。

4. 架空绝缘线路运行时与架空裸导线路主要区别

（1）一般裸导线线芯暴露在大气环境中易遭腐蚀，即使是按照 GB 5023—2008《额定电压 450/750V 及以下聚氯乙烯电缆》要求制造的 BV 线，俗称"橡皮线"，其耐压水平仅限于低压，且户外架设不到 5 年就会老化开裂，失去原有性能。架空绝缘导线与裸导线或其他电线电缆相比，其最明显特点是耐气候老化。它能抵御强烈紫外线光照和雨、雪、冰雹、风沙等恶劣气候，耐高温、耐低温，有效防护烟雾、化学气体等侵袭和树干树枝频繁摩擦，故架空绝缘导线能延长线路的使用寿命。

（2）架空绝缘导线具有良好的绝缘性能，能大大减少人身触电伤亡危险，能防止外来异物造成线路相间短路或单相接地故障，减少线路跳闸次数，提高供电可靠性。

（3）与架空裸导线相比，采用架空绝缘导线可以适当减小导线的线间距离和对建筑物的间距，尤其在 20 世纪 80～90 年代已建住宅城区进行城网改造时，使用架空绝缘导线可以便捷地深入到负荷中心，缩短低压线路供电半径，提高电能质量。

（4）一般铝绞线的最高工作温度为 70℃，而由交联聚乙烯 XLPE 组成的绝缘导线其最高工作温度为 90℃；尽管线芯外径略小于同类标称截面的裸线，直流电阻略大于同类标称截面的裸线，其载流量基本一致。

因此，随着对城市配网供电可靠性的要求不断提高，架空裸导线路主要在城乡结合部和农村配网中使用。

5. 绝缘架空线路架设安装时与裸导线的区别

（1）绝缘导线加上绝缘层以后，导线的散热较差，其载流能力差不多比裸导线低一个档次。因此，设计选型时，绝缘导线要选大一挡。

（2）由于架空绝缘导线有良好的绝缘性能，因此绝缘导线的相间距离比裸导线线路要小。

（3）绝缘线的连接不允许缠绕，绝缘导线尽可能不要在档距内连接，可在耐张杆跳线时连接。如果确实要在档距内连接，在一个档距内，每根导线不能超过一个承接头。接头距导线的固定点，不应小于 0.5m。不同金属、不同规格、不同绞向的绝缘线严禁在档距内做承力连接。绝缘导线的连接点应使用绝缘罩或自粘绝缘胶带进行包扎。

（4）导线架设后考虑到塑性伸长率对弧垂的影响，应采用减少弧垂法补偿，弧垂减少的百分数为：铝或铝合金芯绝缘线 20％，铜芯绝缘线 7％～8％。紧线时，绝缘线不宜过牵引，线紧好后，同挡内各相导线的弛度应一致。

（5）绝缘导线与绝缘子的固定采用绝缘扎线。针式或棒式绝缘子的绑扎，直线杆采用顶槽绑扎法，直线角度杆采用边槽绑扎法，绑扎在线路外角侧槽上。

（6）绝缘导线的施工架设与架空裸导线不同，它不允许导线在施工过程中对绝缘层损伤，在施工中要注意对绝缘层的保护，尽量避免导线绝缘层和地面及杆塔附件的接触摩擦。

（7）绝缘导线的跨接线及引流线的连接与裸导线连接有所不同，因为绝缘导线需要专用的剥线钳才能将绝缘层剥开，工艺比较复杂，要求比较严格。跨接线连接可采用并沟线夹或接续管进行连接。引线可采用并沟线夹或 T 型线夹进行连接。同时要将接口处用绝缘罩或绝缘自粘胶带进行包扎。

（8）架空绝缘导线有专用的线路金具配件，可使线路全线绝缘。从线路造价考虑，也可用普通的配件相结合，以降低线路造价。由于绝缘导线多了一层绝缘层，线径比裸导线大，当采用普通金具时，导线固定金具和连接金具要放大型号。耐张线夹要连导线的保护层一起夹紧，防止架空绝缘导线退皮，影响其机械性能和绝缘性能。

6. 节能金具

在线路通过电流的情况下，不产生电能损耗或者损耗非常小的金具，称为节能金具。以前，我国电力线路金具基本上是用铸铁为主的材料制造，在结构上构成闭合磁回路，形成磁滞和涡流损耗，能耗浪费巨大。近年来，以高强度铝合金为代表的轻金属制成的电力金具，不仅克服了能耗巨大的弊端，而且结构合理可靠，施工简单方便。

近几年，在配电网广泛使用的接续线夹包括普通并沟线夹、异径并沟线夹、C 型楔型线夹（安普线夹）、液压 H 型线夹 、液压 C 型或 S 型线夹等，在绝缘导线线路上使用时要配合绝缘罩进行绝缘防护，不能承力使用。

（1）接续线夹主要解决的问题有：

1）接触面积问题。接触面积大，能有效控制接触电阻。防止因电阻过大使线夹温度过高，以至形成积碳甚至烧熔，能增大导线握着力，防止导线蠕动。

2）材料的匹配性。导线材料主要为铝和铜，线夹也应为铝和铜，避免不等电位、不同热胀冷缩系数及电化学腐蚀现象。

3）热胀冷缩问题。电流的变化使温度变化，线夹不断重复热胀冷缩，接续线夹可克服这种变化，保持导线表面的压力，提供不变的接触面积。

4）抗氧化防腐蚀。由于线夹运行中温度升高，与空气发生氧化，而金属的氧化是减少接触面积，增大接触电阻的重要因素。同时，空气中杂质的腐蚀也不能忽视。因此选用抗氧化铝合金材料，确保线夹温升小于导线温升。

5）安装及库存。安装方便，难度低，适应导线能力强。库存简易，价格合理等。

（2）各种线夹优缺点。

1）普通并沟线夹。

a. 优点：价格便宜，在负荷小的农网中还有使用。

b. 缺点：接触面积小，握着力小，易氧化易腐蚀，事故率高。

2）异径并沟线夹。在普通并沟线夹的基础上改进，接触面积有所增大，可接续等径或异径导线，接触效果有所改善，但没有解决握着力小、易氧化的缺点，价格相对也较便宜，在中小截面导线上使用。

3）液压 H 型线夹和液压 C、S 型线夹。液压线夹的特点是借助液压钳，将线夹与缆线压成一体，其结果是线夹与缆线的接触率无限增大，电气性能极其稳定，一般接触电阻仅为导线电阻的 40%，其缺点是安装后无法拆卸，线夹不能重复使用。

a. H 型线夹的特点。

（a）线夹与导线的材料特质接近，热胀冷缩比接近，不会产生间隙，接触电阻稳定。

（b）线夹的线沟内涂有铬锌酸糊防氧化导电剂（专配膏剂），既能防水又能除掉氧化铝膜，铜铝接续几乎可以避免电蚀的影响。

（c）导线与线夹接触面大于任何一种线夹，电阻小，电流分布均匀，温升小。

（d）通过液压钳压接后，导线被线夹完整包覆到没有缝隙，提高了耐蚀性。

（e）H 型线夹质量非常轻，不会因风偏对导线产生剪切力损坏导线，而造成电流分布不均匀，导致接头发热。

（f）H 型线夹只用 7 个型号就覆盖了 $16 \sim 300 \mathrm{mm}^2$ 导线的同径或者异径的对接、T 接。即使出现了导线线径不规范的现象，H 型线夹仍然可以使用。H 型线夹所有型号的压接只要 3 套模具就可以完成，模具压接覆盖范围大。H 型线夹使用 12t 普通液压钳，压力恰到好处。H 型线夹操作标识清楚，外包装与线夹自身都清楚的标明了适宜对接或 T 接电缆规格，液压钳压接的顺序编号，压接模具的型号做到了标识清楚、查看方便、独立操作、准确无误。

b. C 型楔型线夹（安普线夹）。

（a）C 型外套对主线支线的包裹及楔块两端对导线的挤压的面积总和大于对应导线的截面面积总和，与导体的接触面所涂的抗氧化剂中含有尖锐金属颗粒，更增大与导线的接触面积。楔块被弹射固定时，尖锐金属颗粒对导线表面具有擦洗作用，穿透导线表面的油污和氧化层，增大接触面积。

（b）特殊工艺锻造的纯铝或纯铜，材料与导线一致。

（c）特殊工艺处理使 C 型外套具有极强的弹性。配合坚硬的楔块，让线夹随导线的热胀冷缩始终保持恒定压力。

（d）楔型线夹具有极强的防锈功能，另外，同线夹配套的抗氧化剂在线夹与导线的接触面之间形成气闭性，有效阻隔了接触面的金属与空气的接触，从而防止氧化及腐蚀。

（e）安普线夹价格较高。

（f）需配合专用的安装工具及弹射芯，安装很繁琐。安装工具需经常保养，容易坏，弹射芯有保存期，且易受潮，任何一个因素都会造成"打不响"的现象，影响现场的安装。

安普线夹国外型号跟导线线径是一一对应的，这种情况下的选型非常准确，但国内考虑库存因素而将型号简化了。

▷ 第三节　电　缆　配　电　线　路

随着城市化的发展，城区中架空线路越来越不适应负荷的增长和环境的要求，电缆线路将得到不断的发展并成为现代城市电网的一个重要环节。

一、电力电缆的特点

1. 优点

（1）不受自然气象条件和环境的干扰，不影响城市美观。

（2）同一通道可容纳多根电缆，极大地增加了供电能力。

2. 缺点

（1）建设费用较架空线路成倍增高。

（2）故障隐蔽，测试难度较大。

（3）电缆损坏后，事故修复时间长。

（4）电缆线路不易分支。

二、电力电缆的种类

电力电缆按绝缘材料性质、结构特性和敷设环境可分为不同的种类，如下所示。

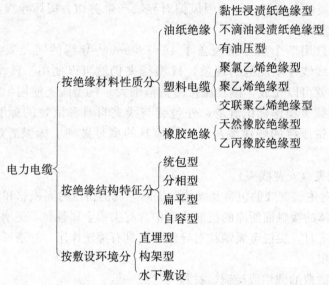

目前国内外还在研制或使用的一些新型电缆，如管道充气电缆、低温有阻电缆和超导电缆等。

三、配电电缆的基本结构

电缆的基本结构主要包括导体、绝缘层、保护层三部分。现将配电网络中常用的油浸渍纸绝缘统包型电缆、油浸渍纸绝缘分相统包型电缆和交联聚乙烯电缆的结构分述如下。

1. 油浸渍纸绝缘统包型电缆

10kV 油浸渍纸绝缘统包型电力电缆横截面图如图 1-6 所示。各芯导体压成扇形，外包有纸绝缘，芯与芯之间填以纸或麻的填料，各芯绞成圆形，外面用绝缘和钢铠统包起来。

2. 油浸渍纸绝缘分相统包电缆

电缆各芯外包纸绝缘并分别铅包或铝包，然后再与内衬和填料绞成圆形，用沥青麻绳扎紧，外加铠装和保护层。

3. 交联聚乙烯电缆

10kV 交联聚乙烯电缆横截面图如图 1-7 所示，这是以交联聚乙烯作为绝缘材料的电缆。它具有结构简单、质量轻、载流量大以及没有敷设高差限制的特点，近年来广泛采用。

一般制成单相和分相统包型。

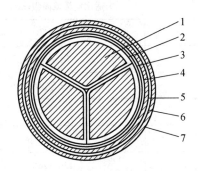

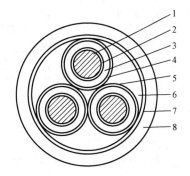

图1-6　10kV油浸渍纸绝缘统包型
电力电缆横截面图
1—导体；2—导线绝缘；3—统包绝缘；4—半导体
统包层；5—铅包；6—沥青防护层；7—外铠装

图1-7　10kV交联聚乙烯电缆横截面图
1—导体；2—内半导体层；3—交联聚乙烯绝缘；
4—外半导体层；5—金属层屏蔽；6—充填物；
7—铠装层；8—聚氯乙烯护套

四、电缆型号的编制原则

一种电缆结构对应一种电缆的表示方法，同时也表明电缆的使用场合和某种特征。我国现行电缆型号编制原则如下。

（1）电缆线芯材料、绝缘盒内护层材料以其汉语拼音的第一字母大写表示。如纸（zhǐ）以Z表示，铝（lǚ）以L表示等。有些电缆结构上的特点也用相应的汉语拼音字母代表，如分相统包型用F（分fēn）表示，铜芯导体则不作标注。

（2）电缆外护层结构用数编号表示，没有外护层的不写数字。

（3）型号标注中同时要标明电缆的截面、电压等级等。

（4）电缆型号中字母排列一般按照以下顺序：绝缘种类—线芯材料—内护层—结构特点—外护层—电压等级—截面。

例如：YJLV22—8.7/15—3×240，表示此电缆特征为：三相统包铝芯交联聚乙烯电缆含钢铠，电压等级8.7/15kV，导体截面为240mm²。

YJV—8.7/15—3×300，表示此电缆特征为：三相统包铜芯交联聚乙烯电缆不含钢铠，电压等级8.7/15kV，导体截面为300mm²。

五、电缆附件

配电电缆线路附件主要包括电缆终端头和电缆中间接头。终端因所连接设备的不同，结构形式也不同，主要是与配接箱、环网柜、分支箱等设备连接时的肘型头或"T"型头以及和户内配电柜和户外架空线连接的普通户内户外终端。

随着材料、工艺的发展，配电线路电缆的附件目前主要有热缩和冷缩两种主要型式，冷缩、预制型附件以其施工安装方便、电气性能良好等优点，已基本取代了热缩型电缆终端。

1. 热缩型终端附件

（1）交联聚乙烯绝缘电缆终端冷缩附件材料如表1-2所示，热缩附件材料如表1-3所示。

表 1 - 2 交联聚乙烯绝缘电缆终端冷缩附件材料

名　　称	型　　号	适用电缆截面积(mm²)
户内终端	10kVRSNr—1	25～50
	10kVRSNr—2	70～120
	10kVRSNr—3	150～240
户外终端	10kVRSWr—1	25～50
	10kVRSWr—2	70～120
	10kVRSWr—3	150～240

表 1 - 3 交联聚乙烯绝缘电缆终端热缩附件材料

附件内容	颜　色	单　位	数　量	备　注
绝缘三指护套	黑	支	1	分户内、户外型
绝缘护套管	红	根	3	分户内、户外型
应力调节管	黑	根	3	
相色密封管	红、绿、黄	根	3	
四氟带	白	盘	1	
充填胶	淡黄色	条	3～4	
接线端子	铜、铝	支	3	
接地编织线		条	1	
单孔防雨裙	红	支	6	户外使用
三孔防雨裙	红	支	1	户外使用

（2）油浸纸绝缘电缆头冷缩附件材料如表 1 - 4 所示，热缩附件材料如表 1 - 5 所示。

表 1 - 4 油浸纸绝缘电缆头冷缩附件材料

名　　称	型　　号	适用电缆截面积(mm²)
户内终端	10kVRSNz—1	25～50
	10kVRSNz—2	70～120
	10kVRSNz—3	150～240
户外终端	10kVRSWz—1	25～50
	10kVRSWz—2	70～120
	10kVRSWz—3	150～240

表 1 - 5 　　　　　　　　　油浸纸绝缘电缆头热缩附件材料

附件内容	颜　色	单　位	数　量	备　注
绝缘三指护套	黑	支	1	分户内、户外型
绝缘护套管	红	根	3	分户内、户外型
隔油管	乳白色	根	3	
应力调节管	黑	根	9	
相包密封管	红、绿、黄	根	3	
四氟带	白	盘	1	
耐油充填胶	浅黄色	条	3～4	
热熔胶带	黄色	条	3～4	
接线端子	铜、铝	支	3	
接地编织线		条	1	
单孔防雨裙	红	支	6	户外使用
三孔防雨裙	红	支	1	户外使用

2. 辐射交联热收缩电缆附件型号标志含义

R—辐射交联；S—热收缩型；Y—交联电缆；Z—油浸纸绝缘电缆；N—户内终端；W—户外终端。

3. 热缩电缆附件材料主要性能

(1) 绝缘三指护套。用于 10kV 三芯油浸纸绝缘或交联电缆热缩头线芯分支处的密封。

功能特性：黑色，低阻密封异型护套。

(2) 户内用绝缘护套管。用于 10kV 户内热缩电缆终端绝缘外套管。

功能特性：棕红色，具有绝缘阻燃特性。

(3) 户外用绝缘护套管。用于 10kV 户外热缩电缆终端绝缘套管（包括单孔、三孔防雨裙）。

功能特性：红色、耐老化、抗泄漏痕迹、耐污秽。

(4) 隔油管。用于 10kV 油浸纸绝缘热缩电缆终端内绝缘和隔油。

功能特性：乳白色，内绝缘、耐油。

(5) 应力调节管。用于改善电缆屏蔽端部的电场，使其均匀分布。

功能特性：黑色、低电阻率、高介电常数。与热缩电缆终端附件配套使用的胶有两种（限于交联电缆和油浸纸绝缘电缆）。

一般充填胶用于交联电缆终端电缆线芯分支处的填充，耐油充填胶用于油浸纸绝缘电缆终端线芯分支处及线端的填充和密封，功能特性：淡黄色，软质、耐油、绝缘。

热熔胶带用于油浸纸绝缘电缆终端热缩材料与铅包，接线端子之间的黏接。

功能特性：淡黄色，软质、耐油、绝缘，黏接性好。

◎ 第四节　配电网的无功补偿

一、提高功率因数的意义

1. 功率因数的物理意义

电源供给负载的视在功率包括有功功率和无功功率。有功功率是电阻性负载消耗的功

率，即实际消耗的电功率，用 P 表示，单位为瓦（W）或千瓦（kW）；无功功率并非实际

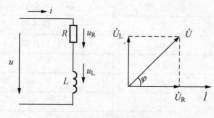

图 1-8 功率三角形

消耗的功率，而是反映电感性负载或电容性负载发生的电源与负载间能量交换所占用的电功率，用 Q 表示，单位为乏（var）或千乏（kvar）；视在功率是电压和电流有效值的乘积，用 S 表示，单位为伏安（VA）或千伏安（kVA）。功率因数的高低主要取决于负荷的性质。三者的关系可用功率三角形来表示，如图 1-8 所示。

对于三相平衡负载，视在功率为

$$S = 3UI = \sqrt{P^2 + Q^2} \qquad (1-1)$$

当供电回路中既有电感性负载又有电容性负载时，总的无功功率为

$$Q = Q_L - Q_C \qquad (1-2)$$

式中　Q_L——电感的无功功率；

　　　Q_C——电容的无功功率。

有功功率与视在功率之比称为功率因数，用 λ 表示。在线性电路中，功率因数等于电流与电压相位差的余弦，即

$$\lambda = P/S = 3UI\cos\varphi / 3UI = \cos\varphi \qquad (1-3)$$

式中　U——外施相电压的有效值，V；

　　　I——电路线电流的有效值，A；

　　　φ——电路的相阻抗的阻抗角，也叫功率因数角；

　　　S——三相视在功率，VA；

　　　P——三相有功功率，W。

功率因数是反映电力用户用电设备合理使用状况、电能利用程度和用电管理水平的一项重要指标。

2. 提高功率因数的方法

提高功率因数的类型分为提高自然功率因数和功率因数人工补偿。

（1）提高自然功率因数。自然功率因数是指用电设备自身所具有的功率因数，其高低与设备的负荷率有关。电路中有许多电感性的电气设备，如变压器、电动机等。其自然功率因数比较低，消耗的无功功率大，为了降低无功功率消耗，提高自然功率因数，通常可采取下列措施：

1）合理选择电动机的大小，避免"大马拉小车"，及时更换负载率小于 40% 的电动机。

2）正确选择变压器容量，提高变压器负荷率，其负荷率在 75%～80% 较合适。

（2）功率因数人工补偿。无功功率补偿的基本原理就是，当容性负荷释放能量时，感性负荷吸收能量；而感性负荷释放能量时，容性负荷却在吸收能量。能量在两种性质负荷之间交换。这样感性负荷所需要的无功功率可从容性负荷输出的无功功率中得到补偿，如果配网的适当位置没有设置无功补偿装置，那么，无功源只能在电厂或站内，电网势必要传输无功，从功率三角不难看出，会影响功率因数的理想状态。在一般情况下，用电负荷多为电感性负载。所以常用并联电容器的方法来补偿功率因数。专门用来补偿功率因数的电容器称为

移相电容器，具有安装简单、运行维护方便、有功损耗小和投资少等优点。

3. 提高功率因数的意义

（1）功率因数越高，电力线路中的有功损失越小。

（2）提高功率因数可以减小配电线路上的电压降，从而可以保证用户端得到合格的电压。

（3）可以提高电力网的传输能力和设备的利用率。

二、无功补偿的经济当量和经济效益

1. 无功补偿的经济当量

所谓无功补偿经济当量，就是由于减少无功功率而降低的有功功率损耗值与无功功率减少值的比值。即输送的无功功率减少 1kvar 时所减少有功功率的损耗值（kW）。功率因数一般提高到 0.95 左右为宜。

2. 无功补偿的经济效益

若自然平均功率因数为 0.70～0.85，企业消耗电网的无功功率约占消耗有功功率的 60%～90%，如果把功率因数提高到 0.95 左右，则无功消耗只占有功消耗的 30% 左右。由于减少了电网无功功率的传输，会给用电企业带来效益。

（1）节省企业电费开支。提高功率因数对企业的直接经济效益是明显的，因为国家电价制度中，从合理利用有限电能出发，对不同企业的功率因数规定了要求达到的不同数值，低于规定的数值，需要多收电费，高于规定数值，可相应地减少电费。可见，提高功率因数对企业有着重要的经济意义。

（2）提高设备的利用率。对于原有供电设备来讲，在同样有功功率下，因功率因数的提高，电流减少，因此向负荷传送功率所经过的变压器、开关和导线等供配电设备都增加了功率储备，从而满足了负荷增长的需要；如果原网络已趋于过载，由于功率因数的提高，输送无功电流的减少，使系统不至于过载运行；改善后的功率因数可以选择较小容量的变压器。因此，使用无功补偿不但减少初次投资费用，而且减少了运行后的基本电费。

（3）降低系统的能耗。当功率因数从 0.70～0.85 提高到 0.95 时，有功损耗可降低 20%～45%。

（4）改善电压质量。配电线路电压降大部分为输送无功负荷产生的。变压器电压降几乎全为输送无功负荷产生。可以看出，若减少无功负荷，则有利于线路末端电压的稳定，有利于大电动机的启动。因此，无功补偿能改善电压质量。但是如果只追求改善电压质量来装设电容器是很不经济的，对于无功补偿应用的主要目的是改善功率因数，减少线损，调压只是一个辅助作用。而对于负荷大、线路长、末端电压低的 10kV 线路，随线补偿是一个较好的措施。

三、无功补偿方式及容量的选择

1. 无功补偿的原则

为了最大限度地减少无功功率的传输损耗，提高输配电设备的效率，无功补偿设备的配置，应按照"分级补偿，就地平衡"的原则，合理布局。

2. 无功补偿方式

（1）总体平衡与局部平衡相结合，以局部为主。

（2）电力系统补偿与用户补偿相结合。

（3）分散补偿与集中补偿相结合，以分散为主。

（4）降损与调压相结合，以降损为主。

3. 无功补偿的方法

提高功率因数的主要方法是采用低压无功补偿技术，通常采用的方法主要有三种：随机补偿、随器补偿、跟踪补偿。

（1）随机补偿就是将低压电容器组与电动机并接，通过控制、保护装置与电机同时投切。

（2）随器补偿是指将低压电容器通过低压保险接在配电变压器二次侧，以补偿配电变压器空载无功的补偿方式。

（3）跟踪补偿是指以无功补偿自动投切装置作为控制保护装置，将低压电容器组补偿在低压母线上的补偿方式。

（4）随线补偿（10kV 线路分散补偿）。随线补偿重点是对长线路（干线超过 12km 的）负荷大（超过经济电流密度）线路压降大、末端电压低的配电线路进行补偿，对于那些负荷小的线路（铁损 70%以上的）暂不宜安装，以防深夜电压过高进一步增加铁损，以致增加线损。线路电容器补偿装置包括跌开式熔断器、避雷器、三相式电容器、支架等。

1）每处安装电容器容量不超过 120kvar，采用跌开式熔断器作为短路保护和拉、合闸用，采用避雷器作为过电压保护。

2）电容器组与配电变压器应分开安装，以防止铁磁谐振过电压过电流和当变压器轻载时，由于铁磁谐振发生的相序改变，造成变压器二次侧所带的电动机反转。另外，两组电容器之间距离应大于 1km。

3）为了保证电容器正常运行，应注意在轻负荷情况下电容器安装地点的运行电压不超过电容器额定电压的 1.1 倍。同时采取适当措施，减少日光直晒杆上的电容器，特别注意，不要把电容器装于密闭的铁箱中再置于电杆之上，这种方式的电容器事故率很高。

4. 无功功率补偿容量的选择方法

（1）按提高功率因数确定补偿容量。如某配电变压器最大负荷月的平均有功功率为 200kW，功率因数 $\cos\varphi = 0.65$，拟将功率因数提高到 0.9，则所选电容量 Q_c 为

$$Q_c = P(\tan\varphi_1 - \tan\varphi_2) = P\left(\sqrt{\frac{1}{\cos^2\varphi_1} - 1} - \sqrt{\frac{1}{\cos^2\varphi_2} - 1}\right)$$

$$= 200\left(\sqrt{\frac{1}{0.65^2} - 1} - \sqrt{\frac{1}{0.9^2} - 1}\right) = 200 \times (1.169 - 0.484) = 137(\text{kvar})$$

（2）按提高电压确定补偿容量。以 10kV 线路分散补偿为例说明线路补偿装置容量及安装地点的选择。把一定容量的高压并联电容装置分散安装在供电线路距离远、负荷重、功率因数低的 10kV 架空线路上。所以无功补偿装置安装地点的选择应符合无功就地平衡的原则，尽可能减少主干线上的无功电流。一般对于均匀分布无功负荷的供电线路，其补偿容量和安装位置按 $2n/(2n+1)$（其中 n 为不小于 1 的整数）规则。对于负荷在线路上的分布状况不同，安装地点也不相同，并根据负荷分布特点和容量的大小计算确定，见表 1-6。

（3）为降低线损计算补偿容量。如某一台区的负载功率因数现在是 0.7，拟提高到 0.9，则线损降低为

$$\Delta P\% = \left(1 - \frac{\cos^2\varphi_1}{\cos^2\varphi_2}\right) \times 100\% = \left(1 - \frac{0.7^2}{0.9^2}\right) \times 100\% = 39.5\%$$

表 1-6   **配电线路分散补偿电容器装置的安装参数**

负荷沿主干线分布状况		电容补偿 安装组数	电容器安装容量与 线路无功功率比	安装位置位于 主干线首端长度
均匀分布		1	2/3	2/3
		2	4/5	2/5,4/5
非均匀分布	分支线呈 60%	1	4/5	3/5
	分支线呈 90%	1	4/5	2/3

（4）查表法求补偿容量。表 1-7 为无功补偿容量表，可以查出每千瓦负荷所需电容器值。

表 1-7   **无 功 补 偿 容 量 表**   （kvar）

补偿前 功率因数	补偿后功率因数								
	0.80	0.82	0.84	0.85	0.86	0.88	0.90	0.92	0.94
0.60	0.58	0.64	0.69	0.71	0.74	0.80	0.85	0.91	0.97
0.64	0.45	0.51	0.56	0.58	0.61	0.67	0.72	0.78	0.84
0.65	0.42	0.47	0.52	0.55	0.58	0.63	0.68	0.74	0.80
0.66	0.39	0.45	0.49	0.52	0.55	0.60	0.66	0.71	0.78
0.68	0.33	0.58	0.43	0.46	0.49	0.54	0.60	0.65	0.72
0.70	0.27	0.33	0.37	0.40	0.43	0.48	0.54	0.60	0.66
0.72	0.22	0.27	0.32	0.34	0.37	0.43	0.48	0.54	0.60
0.74	0.16	0.21	0.26	0.29	0.32	0.37	0.43	0.48	0.55
0.76	0.11	0.16	0.21	0.24	0.26	0.32	0.37	0.43	0.50
0.78	0.05	0.11	0.16	0.18	0.21	0.24	0.32	0.38	0.44
0.80		0.05	0.10	0.13	0.16	0.21	0.27	0.33	0.39
0.82			0.05	0.08	0.11	0.16	0.22	0.27	0.33
0.84				0.03	0.05	0.11	0.16	0.22	0.28
0.86						0.05	0.11	0.17	0.23
0.88							0.05	0.11	0.17
0.89							0.03	0.09	0.15
0.90								0.06	0.12

（5）按补偿方式确定补偿容量。随器补偿：农网配电变压器，尤其是综合用户配电变压器，普遍存在负荷轻、"大马拉小车"现象。在负荷低谷时接近空载。配电变压器在轻载或空载时的无功负荷主要是变压器的空载励磁无功。

随器补偿只能补偿配电变压器的空载无功 Q_0。假如补偿容量 $Q_c > Q_0$，则在配电变压器接近空载时造成过补偿，而且理论分析和试验以及运行经验均表明，在此条件，当出现配电变压器非全相运行时，易产生铁磁谐振。

因此推荐选用 $Q_c = (0.95 \sim 0.98)Q_0$。

四、电容器的运行维护

1. 低压无功自动补偿箱的运行维护

当电网出现过压、欠压及谐波超限时，逐一切除补偿电容器。当电网缺相时，快速切除补偿电容器。每次通电，测控仪进行自检并复归输出回路，使输出回路处于断开状态。

（1）无功自动补偿按性质分为三相电容自动补偿和分相电容自动补偿。三相电容自动补偿适用于三相负载平衡的供配电系统。因三相回路平衡，回路中无功电流相同，所以在补偿时，调节无功功率参数的信号取自三相中的任意一相，根据检测结果，三相同时投切可保证三相电压的质量。三相电容自动补偿适用于有大量的三相用电设备的厂矿企业中。

对于三相不平衡及单相配电系统采用分相电容自动补偿是一种较好的办法，其原理是通过调节无功功率参数的信号取自三相中的每一相，根据每相感性负载的大小和功率因数的高低进行相应的补偿，对其他相不产生相互影响，故不会产生欠补偿和过补偿的情况。采用实现控制模块的数字化和智能化，开关执行单元无触点，确保了控制精度和运行的可靠性；全自动分相、分级按需补偿；可灵活设定过压、欠压、欠流延时等参数，具有完善的越限报警和过压、欠压、缺相、缺零、谐波越限保护锁闭功能，保证系统安全运行。

（2）手动功能只用于补偿电容器的强制投切。进入手动状态，操作选择键，选择电容器。操作投切键，投切电容。

（3）户外电容器安装位置应离地面 20cm 以上，间距应不小于 30mm，避免尘埃过多和剧烈振动。电容器端子进线应尽量采用软铜线，端子螺母务必拧紧到位，以免接触不良造成端子损坏。

（4）电容器直接选配的交流接触器必须是切换电容器专用的接触器，如 CJ19 之类带有抗涌流装置的接触器。如果选配普通交流接触器则必须在电容回路里串联电抗器，以免减少电容器的使用寿命。

（5）连接线和切换电容器交流接触器的载流量应选择电容器额定电流的 1.5 倍以上。

（6）在连接电容器的回路里应配有过电压和过电流的保护装置。

（7）电容器投切应有一定的间隔时间，再投入时电容器上的剩余电压不得超过额定电压的 10%。

（8）给感应电机补偿时，电容器电流要小于电动机空载电流的 90%。

（9）自愈式电容器应远离谐波源（如整流器、变频器、中频炉及饱和的变压器铁芯等），不能在受谐波污染的电网中投运，否则会出现严重的过电流。

2. 电容器的检查和维护

（1）新装电容器组投入运行前应经过交接试验，并达到合格；布置合理，各部分连接牢靠，接地符合要求；接线正确，电压应与电网额定电压相符；放电装置符合规程要求，并经试验合格；电容器组的控制、保护和监视回路均应完善，温度计齐全，并试验合格，整定值正确；与电容器组连接的电缆、接触器、熔断器等电气设备应试验合格；三相间的容量保持平衡，误差值不应超过一相总容量的 5%；外观检查应良好，无渗漏油现象；电容器室的建筑结构和通风措施均应符合规程要求。

（2）对运行中的电容器组应检查：电容器外壳有无膨胀、漏油痕迹；有无异常声响和火花；熔断器是否正常；放电指示灯是否熄灭；记录有关电压表、电流表、温度表的读数。如发现箱壳明显膨胀应停止使用或更换电容器，以免发生故障。外壳渗油不严重可将外壳渗漏处除锈、焊接、涂漆，渗漏严重的必须更换。严重异常时应立即退出运行，更换电容器。

（3）必要时可以短时停电检查：各螺丝接点的松紧和接触情况；放电回路是否完好；风道有无积尘，并清扫电容器的外壳、绝缘子和支架等处的灰尘；检查外壳的保护接地线是否完好；继电保护、熔断器等保护装置是否完整可靠，接触器、馈电线等是否良好。

◐ 第五节 配 电 设 备

一、配电变压器

1. 变压器的工作原理和运行方式

变压器是利用电磁感应原理制成的一种静止的电气设备,它把某一电压等级的交流电能转换成频率相同的另一种或几种电压等级的交流电能。变压器的主要运行方式有空载运行、负载运行、短路运行。

2. 变压器的技术数据

(1) 30～1600kVA 三相双绕组无励磁调压配电变压器额定容量、电压组合、分接范围、联结组标号、空载损耗、负载损耗、空载电流、短路阻抗应满足表 1-8 的要求。

表 1-8　　　　　30～1600kVA 三相双绕组无励磁调压配电变压器性能参数表

额定容量 (kVA)	电压组合及分接范围			联结组 标号	空载损耗 (kW)	负载损耗 (kW)	空载电流 (%)	短路阻抗 (%)
	高压 (kV)	高压分接 范围(%)	低压 (kV)					
30					0.13	0.63/0.60	2.3	
50					0.17	0.91/0.87	2.0	
63					0.20	1.09/1.04	1.9	
60					0.25	1.31/1.25	1.9	
100					0.29	1.58/1.50	1.8	
125	6 6.3 10 10.5 11	±5	0.4	Dyn11 Yzn11 Yyn0	0.34	1.89/1.80	1.7	4.0
160					0.40	2.31/2.20	1.6	
200					0.48	2.73/2.60	1.5	
250					0.56	3.20/3.05	1.4	
315					0.67	3.83/3.65	1.4	
400					0.80	4.52/4.30	1.3	
500					0.96	5.41/5.15	1.2	
630				Dyn11 Yyn0	1.20	6.20	1.1	4.5
800					1.40	7.50	1.0	
1000					1.70	10.30	1.0	
1250					1.95	12.00	0.9	
1600					2.40	14.50	0.8	

注　1. 对于额定容量为 500kVA 及以下的变压器,表中斜线上方的负载损耗值适用于 Dyn11 或 Yzn11 联结组,斜线下方的负载损耗值适用于 Yyn0 联结组。

　　2. 根据用户需要,可提供高压分接范围为±2×2.5%的变压器。

　　3. 根据用户需要,可提供低压为 0.69kV 的变压器。

(2) 联结组别。

1) 我国配电变压器常见的联结组别有 Yyn0、Dyn11 和 Yzn11,其接法及其相位图分别见图1-9～图1-11。

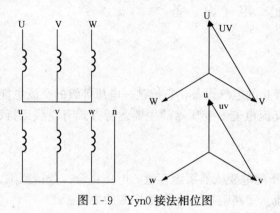

图1-9 Yyn0 接法相位图

2) 不同联结组别配电变压器优缺点及适用范围见表1-9。

（3）温升。GB 1094—2003《电力变压器》规定：对户外变压器，最高气温40℃，最低气温−25℃，绕组采用A级绝缘，当安装地点的海拔不超过1000m时，绕组温升的限值65℃；上层油面的温升限值55℃。

（4）配电变压器冷却方式。配电变压器冷却介质和循环方式字母代号见表1-10。

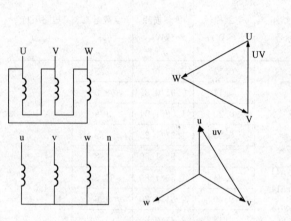

图1-10 Dyn11 接法相位图

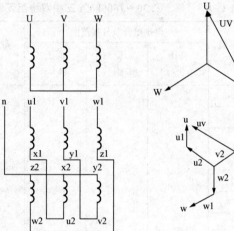

图1-11 Yzn11 接法相位图

表1-9 不同联结组别配电变压器优缺点及适用范围

联结组别	Yyn0	Dyn11	Yzn11
优点	(1)相电压低，绝缘费用少，机械强度大，能经受较大短路电流 (2)制造工艺简单，消耗材料少	(1)无中性点偏移问题，承载单相负荷能力强 (2)不会产生三次谐波及零序电压 (3)有较强的抵御二次侧侵入雷的能力，损耗相对较小	(1)机械强度大 (2)耐雷水平高 (3)允许带较大不平衡负荷
缺点	(1)中性线断线，中性点严重偏移，易烧毁电器 (2)三相不平衡会引起中性点偏移，增加低压线路损耗 (3)对二次侧侵入雷抵御能力差 (4)低压绕组可能产生三次谐波及零序电压	(1)制造工艺较复杂 (2)机械强度较差 (3)一次侧耐压要求高，绝缘投入大	(1)制造工艺复杂 (2)消耗材料多

联结组别	Yyn0	Dyn11	Yzn11
适用范围	(1)适用柱上变压器,一次侧采用跌落式熔断器 (2)三相四线供电,同时有动力和照明负荷	(1)适用于配电室、箱式变电站一次侧采用负荷开关熔断器组合电器 (2)三相四线供电,照明负荷所占比重较大	(1)三相四线供电 (2)三相不平衡负荷较大 (3)多雷地区

表 1-10　　　　　　　　　　　冷却介质和循环方式字母代号

项　　目		代　　号
冷却介质	矿物油或可燃性合成液体	O
	不燃性合成绝缘液体	L
	气体	G
	空气	A
循环方式	自然循环	N

3. 变压器基本结构

配电变压器由铁芯、绕组、出线套管、油箱（油枕、呼吸器、防爆管、散热器、气体继电器、温度计、压力释放阀）和调压装置（无载调压、有载调压）组成。

非晶合金铁芯变压器（见图 1-12）是用新型导磁材料——非晶合金制作铁芯而成的变压器，它比硅钢片作铁芯变压器的空载损耗（指变压器二次开路时，在一次测得的功率损耗）下降 80%左右，空载电流（变压器二次开路时，一次侧仍有一定的电流，这部分电流称为空载电流）下降

图 1-12　非晶合金铁芯变压器

约 85%，是目前节能效果较理想的配电变压器，特别适用于农村电网和发展中地区等配电变压器利用率较低的地方。

二、开关类设备

（一）断路器

1. 作用

断路器在任何情况下都具备开断和关合电路的能力，甚至在电路发生最大可能的短路时，也能开断和分合短路电流。通常在变电站继电保护保护不到的长线路末端，重要分支处安装断路器，并增加重合闸，以减少线路末端或分支发生故障时对整条线路的影响。

2. 断路器的分类

（1）按照灭弧介质划分为少油断路器、多油断路器、SF_6 断路器和真空断路器。

（2）按照使用场合划分为户内断路器和户外断路器。

（3）按照操动机构划分为弹操机构、电磁机构、永磁机构和其他机构。

目前，真空断路器已经成为主流产品。国内外使用的中压真空断路器品种繁多、型号众

多、特点各异。概括起来，从绝缘角度来讲，有空气绝缘和复合绝缘。从总体结构上讲，有断路器和机构一体式和分体式。从操动机构上讲作为中压产品主要是电磁机构、弹簧机构和永磁机构。

（二）负荷开关

负荷开关具备分、合正常负荷电流、线路环流、充电电流的能力，还具备合短路电流的能力。通常安装在线路上，将线路进行分段，从而达到缩小事故停电范围，尽快恢复正常段线路供电，负荷实现转移的作用。

负荷开关按操作性能可分为一般型和频繁型，一般型多为油、产气式负荷开关；频繁型多为真空、SF_6 式负荷开关。以 SF_6 为主，容量较小，易于做成三工位开关，在经济性和灵活性上比真空断路器加接地开关有优势。

（三）隔离开关

隔离开关在停电检修中能形成明显可见的、足够大的断开点，或将处于备用的设备隔离开来，以确保运行和检修的安全。

三、避雷器

避雷器经历了从火花间隙、管型避雷器、阀型避雷器到金属氧化物避雷器的几个阶段。目前国内避雷器主要使用金属氧化物（氧化锌）避雷器。

金属氧化物避雷器是最先进的一种过电压保护器，是电力设备绝缘配合的基础，它具有响应速度快、伏安特性平坦、残压低、通流容量大、性能稳定、寿命长、结构简单等优点，广泛用于发电、输电、变电、配电系统中，使电气设备的绝缘免受过电压的损害。金属氧化物主要以氧化锌为原料，添加其他稀有金属氧化物，所以金属氧化物避雷器又称氧化锌避雷器，氧化锌避雷器分为无间隙和有间隙两种，主要是无间隙避雷器。氧化锌避雷器是用来保护电力系统中各种电气设备免受过电压损坏的电器产品。

1. 工作原理

由于氧化锌阀片具有十分优良的非线性伏安特性，在正常工作电压下仅有几百微安的电流通过，便于设计成无间隙结构，使其具备尺寸小、质量轻、保护性能好的特征。当过电压侵入时，流过阀片的电流迅速增大，同时限制了过电压的幅值，释放了过电压的能量，此后氧化锌阀片又恢复高阻状态，使电力系统正常工作。

2. 优点

（1）无串联火花间隙，结构简单、体积缩小。

（2）通流能力很大，负载能力强。

（3）宜于与被保护设备的绝缘配合，可以降低电气设备所受的过电压。

（4）装入 SF_6 组合电器时，不存在因 SF_6 气体变化引起放电电压的变动和间隙中电弧引起 SF_6 气体分解的问题。

（5）可制成直流避雷器。

（6）没有工频续流通过，可以承受多重雷击，工作寿命长。

3. 主要电气参数

（1）额定电压：允许施加的最大工频电压有效值，不同于系统的标称电压，一般为 17kV（不接地或消弧线圈接地）、12kV（经小电阻接地）。

（2）持续运行电压：允许长时间施加的工频电压有效值。

（3）冲击电流残压：包括陡波冲击电流残压、雷电冲击电流残压和操作冲击电流残压。

（4）直流 1mA 参考电压。

4. 常用氧化锌避雷器参数（见表 1-11）

表 1-11　　　　　　　　　常用氧化锌避雷器参数

型　号	系统额定电压(kV)	避雷器额定电压(kV)	持续运行电压(kV)	陡波冲击残压(kV)	雷电冲击残压(kV)	操作冲击残压(kV)	直流 1mA 参考电压(kV)	质量(kg)
HY5WS5—10/30	6	10	8	34.6	30	25.6	15	1.1
HY5WS5—17/50	10	17	13.6	57.5	50	42.5	25	1.3
HY1.5W5—0.28/1.3	0.22	0.28	0.25	1.49	1.3	1.1	0.6	0.16
HY1.5W5—0.5/2.6	0.38	0.5	0.42	2.98	2.6	2.2	1.2	0.16

四、环网柜

随着电缆配电网的不断扩大应用，作为 10kV 控制和负荷接出的需要，环网柜大量投入应用。环网柜供电容量一般不大，进线中压开关一般采用断路器作为控制和保护装置，可选具备自动重合闸，出线采取结构简单、价格低廉而性能又能完全满足要求的负荷隔离开关，需要时加熔断器。

在环网正常运行条件下，能关合、承载和开断环网电流，并且也能开断环网电缆的充电电流；在短路的异常情况下，也能关合短路电流及在规定的短时间内承载短路电流；在分闸位置能满足对隔离开关规定的隔离要求，同时还具有接地功能，即"三工位负荷隔离开关"。

一般为共箱式模块化设计，操作界面清晰，具备易操作的联锁系统，可选具备 SCA-DA、备自投和多种网络功能，实现配电自动化。

五、箱式变电站

箱式变电站是一种将高压开关设备、配电变压器、低压配电装置、电能计量设备和无功补偿装置，按一定接线方案排成一体的工厂预制户内、户外紧凑式配电设备，即将高压受电、变压器降压、低压配电等功能有机地组合在一起，安装在一个防潮、防锈、防尘、防鼠、防火、防盗、隔热、全封闭、可移动的钢结构箱体内，机电一体化，全封闭运行，在额定电压 10/0.4kV 三相交流系统中，作为线路和分配电能之用。适用于工厂、矿山、油田、港口、机场、城市公共建筑、居民小区、高速公路、地下设施等场所，特别适用于城网建设与改造，是继土建变电站之后兴起的一种崭新的变电站。

根据产品结构不同及采用元器件的不同，分为欧式箱式变电站和美式箱式变电站两种典型风格。

我国自 20 世纪 70 年代后期，从法国、德国等国引进及仿制的箱式变电站，从结构上采用高、低压开关柜，变压器组成方式，这种箱式变电站称为欧式箱式变电站，形象比喻为给高、低压开关柜、变压器盖了房子。

从 20 世纪 90 年代起，我国引进美国箱式变电站，在结构上将负荷开关、环网开关和熔断器结构简化放入变压器油箱浸在油中。避雷器也采用油浸式氧化锌避雷器。变压器取消油枕，油箱及散热器暴露在空气中，这种箱式变电站称为美式箱式变电站，形象比喻为变压器旁边挂个箱子。

从体积上看，欧式箱式变电站由于内部安装常规开关柜及变压器，产品体积较大。美式箱式变电站由于采用一体化安装，体积较小。

从保护方面，欧式箱式变电站高压侧采用负荷开关加限流熔断器保护。发生一相熔断器熔断时，用熔断器的撞针使负荷开关三相同时分闸，避免缺相运行，要求负荷开关具有切断转移电流能力。低压侧采用负荷开关加限流熔断器保护，美式箱式变电站高压侧采用熔断器保护，而负荷开关只起投切转换和切断高压负荷电流的功能，容量较小。当高压侧出现一相熔丝熔断，低压侧的电压就降低，塑壳自动空气开关欠电压保护或过电流保护就会动作，低压运行不会发生。

从产品成本看，欧式箱式变电站成本高。从产品降价空间看，美式箱式变电站还存在较大降价空间，一方面美式箱式变电站三相五柱铁芯可改为三相三柱铁芯，另一方面，美式箱式变电站的高压部分可以改型后从变压器油箱内挪到油箱外，占用高压室空间。

六、无功补偿装置

（一）电力电容器的结构

1. 电力电容器壳体结构

电力电容器主要由芯子、外壳和出线结构三部分组成。把芯子或由多个芯子组成的器身与外壳、出线结构进行装配，经过真空干燥浸渍处理和密封即成电容器。极板通常用铝箔作极板，为使每对极板的两个侧面都起电容作用，采用卷绕式平扁形元件，材料利用率显著提高。在这种结构中，由于极板双面起作用，其电容值约等于该元件展开平面长条时的 2 倍。电容器结构见图 1-13。

2. 绝缘介质

电容器的绝缘介质主要包括液体介质（浸渍济）和固体介质（电容器纸盒薄膜）两种。

液体介质在电力电容器中用作浸渍剂，主要是用以填充电力电容器内部固体介质中空隙，可显著提高组合绝缘的性能，从而提高介质的介电系数和耐电强度，改善局部放电特性和散热条件等。现在用的最多的是 S 油（二芳基乙烷）和 C101（苄基甲苯）。

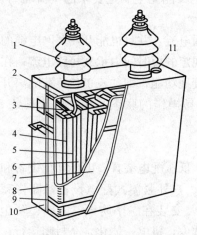

图 1-13 电容器结构

1—出线套管；2—出线连接片；3—连接片；4—元件；5—出线连接片固定板；6—组间绝缘；7—包封件；8—夹板；9—紧箍；10—外壳；11—封口盖

固体介质分膜（聚丙烯）纸复合结构和全膜结构（二膜一纸）两类，全膜结构（二膜或三膜），除满足电容器对介质的一般性能要求外，还要做得很薄，厚度均匀，机械强度高，便于绕卷，导电微粒和弱点很少，浸渍性能及浸渍剂的相容性好。

3. 芯子

芯子主要由若干元件、绝缘件和紧固件经过压装并按规定的串并联连接法连接而成。元件由一定厚度及层数的介质和两块极板卷绕一定圈数后压扁而成。元件有竖放的，也有平放的。包封件用电缆纸制成，是芯子对外壳的主绝缘。紧箍和夹板用薄钢板制成，起紧固作用。

4. 外壳

外壳用薄钢板制成，金属外壳有利于散热，可以在温度变化时起调节作用。目前使用较多的是不锈钢外壳；外壳盖上焊有出线瓷套管，在两侧壁上焊有供安装的吊攀，一侧吊攀上装有接地螺栓。

5. 出线结构

出线结构包括出线导体与出线绝缘两部分。出线导体通常包括金属导杆或软连接线（片）及金属线法兰和螺栓等；出线绝缘通常为银焊式绝缘套管，即先在套管根部涂敷一层银膏，经高温烧结，使之金属化，然后再用锡焊与法兰连接。

把芯子、外壳与出线结构进行装配，经过真空干燥、浸渍处理和密封即成电容器。为适应各种电压，元件可串联或并联。电容器内部设有放电电阻，电容器从电网断开后能自行放电，一般情况，10min 后即可降至 75V 以下；内置熔丝，并装有电力电容器单台保护熔断器，可进行相间短路保护及对地短路保护，当某个电力电容器组发生故障时，其高压熔断器将会熔断，该电力电容器组退出，不会影响整个系统的安全运行。

6. 电容器的型号含义

电容器的型号含义如下所示。

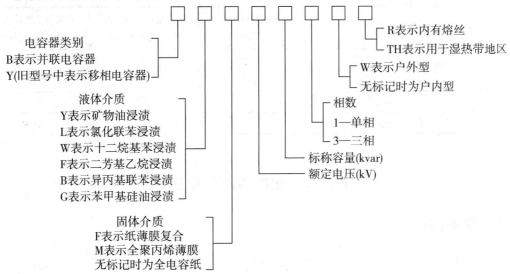

（二）电容器运行标准

电力电容器在运行中如果管理不善，则其电流，电压、温度将会越限，使电容器的使用寿命缩短，甚至损坏。因此，在运行中应严格控制其运行条件，拟定科学的管理制度，以提高其投入率，减少其损坏率。

1. 允许过电压

电容器组允许在其 1.1 倍额定电压下长期运行。在运行中，由于倒闸操作、电压调整、负荷变化等因素可能引起电力系统波动，产生过电压。有些电压虽然幅值较高，但时间很短，对电容器影响不大，所以电容器组允许短时间的过电压。

2. 允许过电流

电容器组允许在其 1.3 倍额定电流下长期运行（日本、美国、德国和比利时进口的电容器允许在 1.35 倍额定电流长期运行）。通过电容器组的电流与端电压成正比，该电流包括最高允许工频过电压引起的过电流和设计时考虑在内的电网高次谐波电压引起的过电流，因此过电流的限额较过电压的高。电容器组长期连续运行允许的过电流为其额定电流的 1.3 倍，即运行中允许长期超过电容器组额定电流的 30%，其中 10% 是工频过电压引起的过电流，还有 20% 留给高次谐波电压引起的过电流。

3. 允许温升

电容器运行温度过高，会影响其使用寿命，甚至引起介质击穿，造成电容器损坏。因此温度对电容器的运行是一个极为重要的因素。电容器的周围环境温度请按制造厂的规定进行控制。若厂家无规定时，一般应为 $-40 \sim +40℃$（金属化膜电容器为 $-45 \sim +50℃$）。

（三）电容器无功补偿的应用

无功补偿的重点是对长线路（干线超过 12km 的）、大负荷（超过经济电流密度）的配电线路进行补偿。小负荷的配电线路（铁损 70% 以上的）不宜安装，以防低峰时，电压升高增加铁损，加大线损。

线路电容器补偿装置包括跌落式熔断器、阀型避雷器、三相式电容器、支架等。

配电线路分散补偿电容器装置的安装参数见表 1-12。

表 1-12   **配电线路分散补偿电容器装置的安装参数**

负荷沿主干线分布状况		电容补偿安装组数	电容器安装容量与线路无功功率比	安装位置位于主干线首端长度
均匀分布		1	2/3	2/3
		2	4/5	2/5,4/5
非均匀分布	分支线呈 600	1	4/5	3/5
	分支线呈 900	1	4/5	2/3

◉ 第六节　配电线路过电压保护

一、雷电的危害

1. 雷电的产生

雷云带有很多的电荷，雷云和大地之间形成电场，当电场强度达到 $25 \sim 30kV/cm$ 时，空气绝缘被击穿，雷云对地便发生放电。主放电的温度可达 200 000℃，使周围的空气猛烈膨胀，并出现耀眼的闪光和巨响，称其为雷电，分为直击雷和绕击雷。

2. 雷电的危害

雷电放电过程中，对建筑物和电气设备有很大的危害性，包括高电压、大电流、电磁力和反击。

雷电流的幅值很大，所以雷电流流过接地装置时所造成的电压降可能达数十万至数百万伏。此时，与该接地装置相连接的电气设备外壳、杆塔及架构等处于很高的电位，从而使电气设备的绝缘发生闪络。

二、配电线路防雷保护

1. 避雷线

配电线路绝缘水平低，通常只有一个针式绝缘子，且线路的高度不大，常受树木或建筑物遮蔽，避雷线的作用非常小，因此一般不装避雷线。

2. 中性点不接地方式

可利用钢筋混凝土电杆自然接地作用，采用中性点不接地方式，雷击发生单相闪络时不跳闸，同时装设重合闸，提高供电可靠性。

3. 不平衡绝缘法

在多雷区，可采用高一电压等级绝缘子，或顶相用针式而两边相改用两片悬式绝缘子（不平衡绝缘法），也可用瓷横担提高线路的绝缘水平。

4. 经消弧线圈接地

消弧线圈能使单相接地电弧更易熄灭，使雷电造成的单相短路影响更小。

5. 避雷器防雷

个别绝缘弱点加装避雷器。

6. 架空绝缘线路防雷

架空绝缘导线的雷击耐受特性与架空裸导线的物理特性明显不同。当直击雷或感应雷过电压作用于裸导线引起绝缘子闪络时，接续的工频短路电流电弧在电动力的作用下沿着导线向背离电源方向移动，并在工频续流烧断导线或损坏绝缘子之前引起断路器动作，切断电弧。对于架空绝缘导线，在雷击过电压闪络时，瞬间电弧的电流很大，但时间很短，仅在架空绝缘导线绝缘层上形成击穿孔，不会烧断导线。但是，当雷电过电压闪络，特别是在两相或三相（不一定是在同一杆、塔上）之间闪络而形成金属性短路通道，会引起数千安培工频续流，电弧能量将骤增，此时，由于架空绝缘导线绝缘层阻碍电弧在其表面滑移，高温弧根被固定在绝缘层的击穿点而在断路器动作之前烧断导线。由此可见，雷击过电压引起工频续流是导致架空绝缘导线雷击断线的主要原因。

根据绝缘导线雷击断线的机理，防范措施主要是将绝缘子附近的绝缘导线局部裸线化，使工频电弧弧根转移或固定在特制金具上燃烧，从而保护导线免于烧伤。有操作简单、投资少的优点。但局部裸露，存在密封和绝缘缺陷。另外，线夹装置经常会存在抗振性能较差的问题，在线路风吹振动时，常发生故障。

为防止绝缘导线雷击断线，在周围无防雷屏障的地区，可采用在直线杆采用放电箝位绝缘子或在负荷侧加装放电线夹，加装过电压保护器或避雷器，架设避雷线、耦合地线或避雷针等方法。但剥除导线绝缘层后要有防水措施。

三、配电设备防雷保护

1. 配电变压器防雷

配电变压器高压侧需安装避雷器，避雷器安装在跌开熔断器或开关的内侧。多雷区宜在变压器二次侧装设避雷器。避雷器应尽量靠近变压器，且避雷器、外壳和低压中性点三点需接地，其接地线应与变压器二次侧中性点及变压器的金属外壳相连接。避雷器接地端到配电变压器外壳的接线应尽量短，接地电阻满足要求。特别注意雷电残压的影响；防止反击和正、逆变换对变压器绝缘的影响。在郊区无建筑屏蔽时，配电变压器低压侧加装避雷器。

2. 柱上开关防雷

柱上开关应装设防雷装置，常闭开关装在电源侧，经常开路运行的柱上开关和刀闸两侧均应装设避雷器，接地电阻不应大于 10Ω。开关金属外壳应接地，接地电阻不大于 10Ω。接地引下线可采用多芯铜绝缘导线，也可采用带绝缘包封的截面不小于 $5mm \times 50mm$ 的扁铁。

户外电缆头在刀闸或跌开式熔断器线路侧装避雷器。

第七节　配电线路继电保护

一、继电保护的基本概念

（一）继电保护装置

继电保护装置是反应电力系统中电气元件发生故障或不正常运行状态，并动作于断路器跳闸或发出信号的一种装置。也可以说是保证元件安全运行的基本装备，任何电气元件不得在无继电保护的状态下运行。

（二）继电保护装置的基本任务

当被保护的电力系统元件发生故障时，快速将故障元件从系统中切除，保证非故障设备的安全、稳定运行，使故障元件受损最小。

（三）继电保护的基本要求

电网的继电保护应当满足可靠性、选择性、灵敏性及速动性四项基本要求。

1. 继电保护的可靠性

继电保护的可靠性是对继电保护最基本性能要求，即在装置规定的保护范围内，发生了它应该动作的故障时，不应该拒绝动作，而在任何其他该保护不应该动作的情况下则不应该误动。继电保护的可靠性主要由配置结构合理、质量优良和技术性能满足运行要求的继电保护装置以及符合有关规程要求的运行维护和管理来保证。

2. 继电保护的选择性

继电保护的选择性是指保护装置动作时，仅将故障元件从电力系统中切除，使停电范围尽量缩小，以保证系统中的无故障部分能继续、安全运行。

（1）由故障设备或线路本身的保护切除故障，当故障设备或线路本身的保护或断路器拒动时，才允许由相邻设备、线路的保护或断路器失灵保护切除故障。为保证选择性，对相邻设备和线路有配合要求的保护和同一保护内有配合要求的两元件，其灵敏系数及动作时间，在一般情况下应相互配合。

（2）对串联供电线路，如果按逐级配合的原则将过分延长电源侧保护的动作时间，则可将容量较小的某些中间变电站按 T 接变电站或不配合点处理，以减少配合的级数，缩短动作时间。

3. 继电保护的灵敏性

继电保护的灵敏性指对于其保护范围内发生故障或不正常运行状态的反应能力。

（1）电力设备电源侧的继电保护整定值应对本设备故障有规定的灵敏系数，同时应力争继电保护最末一段整定值对相邻设备故障有规定的灵敏系数。

（2）在同一套保护装置中闭锁、起动和方向判别等辅助元件的灵敏系数应大于所控的保护测量元件的灵敏系数。

4. 继电保护的速动性

继电保护的速动性应以允许的可能最快速度动作于断路器跳闸以断开故障或中止异常状态发展。

（1）手动合闸或重合闸重合于故障线路，应有速动保护快速切除故障。

（2）采用高精度时间继电器，以缩短动作时间级差。

二、继电保护的配置

（一）电流保护装置简介

线路发生短路故障时电流显著增大，当短路电流值达到继电器的整定值时，保护装置动作，使线路断路器跳闸，迅速切除故障线路。电流保护装置分为过电流保护和电流速断（分为无时限和带时限两种）保护装置。

（1）无时限电流速断保护装置是瞬时动作保护装置，简称电流速断保护装置。当线路故障电流达到继电器的整定值时立即动作，使线路断路跳闸。它不能保护线路的全长，只能保护线路的一部分。

（2）带时限电流保护装置是带有一个较短时限的电流速断保护装置，其保护范围不仅包括本线路的全长，而且深入下一级线路的一部分。

（3）反时限电流保护装置，同一线路不同地点短路时，由于短路电流不同，保护具有不同的动作时限，在线路靠近电源端短路电流较大，动作时间较短，这种保护称为反时限过流保护。

（二）配电线路继电保护配置

1. 作为线路故障快速切除的主保护电流速断保护

（1）双侧电源线路的方向电流速断保护定值，应按躲过本线路末端最大三相短路电流整定；无方向的电流速断保护定值，应按躲过本线路两侧母线最大三相短路电流整定。

（2）单侧电源线路的电流速断保护定值，应按躲过本线路末端最大三相短路电流整定。

（3）对于接入供电变压器的终端线路（含 T 接供电变压器或供电线路），如变压器装有差动保护，线路电流速断保护定值允许按躲过变压器其他侧母线三相最大短路电流整定。

（4）电流速断保护应校核被保护线路出口短路的灵敏系数，在常见运行大方式下，三相短路的灵敏系数不小于1时即可投运。

（5）短线或并网线配置纵差保护。

2. 过电流保护

保护定值应与相邻线路的延时段保护或过电流保护配合整定，其电流定值还应躲过最大负荷电流，最大负荷电流的计算应考虑常见运行方式下可能出现的最严重情况，也可按输电线路所允许的最大负荷电流整定。

该保护如使用在双侧电源线路上又未经方向元件控制时，应考虑与背侧线路保护的配合问题。

过电流保护的电流定值在本线路末端故障时要求灵敏系数不小于1.5，在相邻线路末端故障时力争灵敏系数不小于1.2。

3. 自动重合闸装置

配电线路继电保护还要配有在系统发生瞬时性故障切除后，可以快速恢复系统供电的自动重合闸装置。

▶ 第八节　配电地理信息系统

一、地理信息系统简介

地理信息系统（Geographic Information System，GIS）是一项以计算机为基础的管理和研究空间数据的新兴技术系统。围绕着这项技术的研究、开发和应用形成了一门交叉性、边缘性的学科。GIS是电力建设、生产、营销管理中不可或缺的资源支持系统，对于电网规划、电网运行、事故抢修、用电报装服务、客户服务、电力工程实施起到强大的支持作用。其基础图形可浏览电网设施、线路类型、分布情况等。

二、地理信息系统在配电线路中的应用

（一）停电管理

GIS与配电SCADA/DA系统结合，通过获取相关的实时信息，结合故障投诉电话及停电事故进行故障的诊断和定位；通过获取配电SCADA/DA系统历史数据，对停电（计划、故障、拉限电等）事件进行统计分析，提出对策。

1. 停电范围分析、显示

根据配电SCADA/DA❶等系统提供的线路、配电变压器、开关站等设备的停电记录情况，以GIS提供的地理图形为背景，可进行故障区域的地理位置显示、电气接线拓扑图上故障电气点的显示、安排抢修停电范围显示以及停电影响范围显示，包括设备的名称、停电发生的时间、停电线路故障的性质、停电发生的原因、故障发生的地点、恢复供电的时间、恢复供电的部门、受影响的用户数量、少供电电量等信息、可通过图形突出显示停运线路及设备、显示停电用户、计划停电起止时间、计划停电签发部门、工作内容、工作班组、恢复供电的时间。

2. 停电事项统计分析

对停电性质、停电内容、停电的线路、配电变压器、开关站等停电事项进行管理，并可形成月、季度、半年停电事项统计报表，并对停电事项进行分析。

3. 停电通知

在配电地理信息系统上进行模拟操作后，系统可以自动分析出每台相关变压器的停电时间和恢复供电的时间。通过与营销系统的一体化实现，系统就能分析出所有可能停电用户的停送电时间范围，然后根据营销系统中的用户名称和地址自动打印停电通知单，或是根据用户的电话号码、Email等信息自动向用户发送停电通知的信息，从而进一步提高电力部门的服务质量。

（二）故障投诉管理（Fault Complaint Management，FCM）

FCM是为了快速准确地根据用户的故障投诉判断故障地点，及时派出抢修力量，缩短停电时间。因此，GIS系统所提供的地理信息、设备运行状态，为故障处理充分发挥作用。

故障投诉及抢修管理主要是对用户投诉及运行设备事故抢修进行管理，为故障投诉、用户查询及配网抢修等管理工作提供技术保障。该系统通过和客服系统接口，获取客户故障投诉信息，能辅助分析故障原因、确定抢修方案、打印工单、发送相应部门进行处理等，还可

---

❶ 20世纪60年代，美国Bonnevile电力司提出了监控和数据采集系统（Supervisory Control and Data Acquisition，SCADA）的表示方法；70年代中期，日本开始利用计算机技术构成配电自动化系统DAS）；到了80年代，美国又归纳出配电管理系统（Distribution Management System，DMS）的概念。IEEE PES给出了DA的定义：一种可以使电力企业在远方以实时方式监视、协调和操作配电设备的系统；IEC也确定了DA在网络自动化和用户自动化两个方面的基本内容。

以根据工作需要，进行分类统计，形成统计报表及有关图表。

（三）"两率"管理

1. 可靠性统计

GIS能够按照DL/T 836—2011《供电系统用户供电可靠性评价规程》规定的要求通过实时数据的导入，生成导出中压用户可靠性基础和运行数据报表，完成停电用电单元的列表统计，生成详细的停电预告单和停电事件数据，停电预告能在各系统中共享，停电事件数据能导入到可靠性软件中，生成可靠性统计报表。

2. 电压合格率管理

GIS能在地理图上显示各电压监测点的位置，对选定的各类用户电压监测点可按要求设置上、下限值进行电压合格率的统计，对于装设了有载调压和无功补偿的设备，可根据无功、电压、功率因素的关联性，进行无功补偿装置的运行分析和提供电压调整方案。

▶ 第九节 配电线路自动化

一、配电线路自动化概念

配电线路自动化指，在配电网运行、管理方面利用现代电子技术、计算机及网络技术、信息处理及通信等技术，将配电网数据和用户数据、实时数据和历史数据、电网图形和地理图形、图形与数据集成在一起，对配电网的运行进行监视、管理和控制，将配电网在正常及事故情况下的监测、保护、控制、计量和供电部门的工作管理有机地融合在一起，改进供电质量，与用户建立更密切更负责的关系，以合理的价格满足用户要求的多样性，力求供电经济性最好，企业管理更为有效。

二、配电线路自动化主要内容

（一）简易型模式

1. 系统简介

简易型配电自动化系统是基于就地检测和控制技术的一种系统。它采用故障指示器获取配电线路上的故障信息，利用GSM等无线通信方式将故障指示信号上传到相关的主站，由主站来判断故障区段；在一次设备具备条件的情况下，采用重合器或配电自动开关，通过开关之间的时序配合就地实现故障的隔离和恢复供电。

2. 适用范围

适用于单辐射配电线路和无专门通信条件区域的配电线路。

（二）实用型模式

1. 系统简介

实用型模式是利用多种通信手段（如光纤、载波、无线公网/专网等），以实现遥信和遥测功能为主，并可对具备条件的配电一次设备进行单点遥控的实时监控系统。配电自动化系统具备基本的配电SCADA功能，实现配电线路、设备数据的采集和监测。

根据配电终端数量或通信方式等条件，可增设配电子站。

2. 适用范围

适用于通信通道具备基本条件，配电一次设备具备遥信和遥测（部分设备具备遥控）条件，但不具备实现集中型馈线自动化功能条件的地区，以配电 SCADA 监控为主要实现功能。

（三）标准型模式

1. 系统简介

标准型模式是在实用型的基础上实现完整的配电 SCADA 功能和集中型馈线自动化功能，能够通过配电主站和配电终端的配合，实现配电网故障区段的快速切除与自动恢复供电，并可通过与上级调度自动化系统、生产管理系统、电网 GIS 平台等其他应用系统的互连，建立完整的配网模型，实现基于配电网拓扑的各类应用功能，为配电网生产和调度提供较全面的服务。实施集中型馈线自动化的区域应具备可靠、高效的通信手段（如光传输网络等）。

2. 适用范围

适用于配电一次网架和设备比较完善，配电网自动化和信息化基础较好且具备实施集中型馈线自动化区域条件的供电企业。

（四）集成型模式

1. 系统简介

集成型模式是在标准型的基础上，通过信息交互总线实现配电自动化系统与相关应用系统的互连，整合配电信息，外延业务流程，扩展和丰富配电自动化系统的应用功能，支持配电生产、调度、运行及用电等业务的闭环管理，为配电网安全和经济指标的综合分析以及辅助决策提供服务。

2. 适用范围

适用于配电一次网架和设备条件比较成熟，配电自动化系统初具规模，各种相关应用系统运行经验较为丰富的供电企业。

（五）智能型模式

1. 系统简介

智能型模式是在标准型或集成型的基础上，通过扩展配电网分布式电源/储能装置/微电网的接入及应用功能，在快速仿真和预警分析的基础上进行配电网自愈控制，并通过配电网络优化和提高供电能力实现配电网的经济优化运行，以及与智能用电等其他应用系统的互动，实现智能化应用。

2. 适用范围

适用于已开展或拟开展分布式电源/储能/微电网建设，或配电网的安全控制和经济运行辅助决策有实际需求，且配电自动化系统和相关基础条件较为成熟完善的供电企业。

？复习思考题

1. 放射式配电网和环式配电网供电方式的主要区别是什么？
2. 中压配电网中性点接地方式有哪些？
3. 架空绝缘线路与架空裸导线路主要有什么区别？
4. 架空绝缘线路防雷措施有哪些？
5. 常用 10kV 架空绝缘导线的载流量如何选择？

6. 配电变压器的基本结构包括什么？

7. 继电保护的基本要求（四性）指什么？

8. "两率"管理是指什么？

9. 地理信息系统的含义是什么？

10. 提高功率因数的方法是什么？

第二章

配电线路设计、施工与验收

▷ 第一节 架 空 线 路

一、架空配电线路的选择

架空配电线路一般选用架空裸导体线路。下列地区在无条件采用电缆线路供电时，应采用架空绝缘配电线路：

（1）架空线与建筑物的距离不能满足 DL 5220—2005《10kV 及以下架空配电线路设计技术规程》要求的地区；

（2）高层建筑群地区；

（3）人口密集，繁华街道区；

（4）绿化地区及林带；

（5）污秽严重地区。

低压配电系统宜采用架空绝缘配电线路。

二、配电线路路径和杆位的选择

（1）与城镇规划相协调，与配电网络改造相结合；

（2）综合考虑运行、施工、交通条件和路径长度等因素；

（3）不占或少占农田；

（4）避开洼地、冲刷地带以及易被车辆碰撞等地段；

（5）避开有爆炸物、易燃物和可燃液（气）体的生产厂房、仓库、贮罐等；

（6）避免交通和机耕的困难；

（7）主干配电线路的导线布置和杆塔结构等，应考虑便于带电作业。

三、配电线路导线的选择

（1）导线截面的选择应结合地区配电网发展规划，无配电网规划地区可参考表 2-1 所列数值。

表 2-1   导 线 截 面   （mm^2）

导 线 种 类	主 干 线	分 干 线	分 支 线
钢芯铝绞线	185	120	70
绝缘导线	240	185	120

（2）配电线路不应采用单股的铝线或铝合金线，高压配电线路不应采用单股铜线。

（3）在对导线有腐蚀作用的地段，宜采用防腐型导线或采取其他措施。

（4）高压配电线路、自供电的变电站二次侧出口至线路末端变压器或末端受电变电站一次侧入口的允许电压降为供电变电站二次侧额定电压（6、10kV）的 7%。

（5）导线的连接应符合下列要求：

1）不同金属、不同规格、不同绞向的导线严禁在档距内连接；

2）在一个档距内，每根导线不应超过一个接头；

3）接头距导线的固定点不应小于 0.5m。

（6）导线的接头应符合下列要求：

1）钢芯铝绞线、铝绞线在档距内的接头宜采用钳压或爆压；

2）铜绞线在档距内的接头宜采用绕接或钳压；

3）铜绞线与铝绞线的接头宜采用铜铝过渡线夹、铜铝过渡线，或采用铜线搪锡插接；

4）跳线连接宜采用钳压、线夹连接或搭接；

5）导线接头的电阻不应大于等长导线的电阻，档距内接头的机械强度，不应小于导线计算拉断力的 90%；

6）导线与配电设备接线端子的连接应采用同材质同规格设备线夹，设备线夹紧固导线端部前应将设备线夹接触面进行打磨；导线与配电设备接线端子直接连接时，必须经线鼻子压接后连接；

7）设备线夹之间直接连接时，应选用带两个接线孔的设备线夹。

四、配电线路绝缘子、金具的选择

（1）直线杆采用复合或瓷质针式绝缘子。

（2）耐张杆宜采用复合耐张绝缘子或两个悬式绝缘子组成的绝缘子串。

五、配电线路导线排列

（1）高压配电线路的导线应采用三角排列或水平排列。

（2）双回路线路同杆架设时，宜采用三角排列，或采用垂直三角排列。低压配电线路的导线宜采用水平排列。城镇的高压配电线路和低压配电线路宜同杆架设，且应是同一回电源。

（3）同一地区低压配电线路的导线在电杆上的排列应统一；零线应靠电杆；同一回路的零线不应高于相线。

（4）低压路灯线在电杆上的位置不应高于其他相线和零线。

（5）沿建（构）筑物架设的低压配电线路应采用绝缘线，导线支持点之间的距离不宜大于 15m。

（6）配电线路的档距宜采用表 2-2 所列数值，耐张段的长度不宜大于 1km。

表 2-2　　　　　　　　　　　　配电线路的档距　　　　　　　　　　　　　（m）

地　区	高　　压	低　　压
城镇	40～50	40～50
郊区	60～100	40～60

（7）配电线路导线的线间距离应结合运行经验确定。如无可靠资料，导线的线间距离不宜小于表 2-3 所列数值。

表 2 - 3			配电线路导线最小线间距离			(m)
线路电压	档　距					
	40 及以下	50	60	70	80	90	100
高压	0.6	0.65	0.7	0.75	0.85	0.9	1
低压	0.6	0.4	0.45	—	—	—	—

注　1. 表中所列数值适用于导线的各种排列方式。

　　2. 靠近电杆低压的两导线间的水平距离不应小于 0.5m。

（8）同杆架设的双回线路或高、低压同杆架设的线路、横担间的垂直距离不应小于表 2 - 4 所列数值。

表 2 - 4	同杆架设线路横担之间的最小垂直距离		(m)
电 压 类 型	杆　型		
	直 线 杆	分 支 或 转 角 杆	
高压与高压	0.80	0.45/0.60①	
高压与低压	1.20	1.00	
低压与低压	0.60	0.30	

① 转角或分支线如为单回线，则分支线横担距主干线横担为 0.6m；如为双回线，则分支线横担距上排主干线横担为 0.45m，距下排主干线横担为 0.6m。

（9）高压配电线路与 35kV 线路同杆架设时，两线路导线间的垂直距离不宜小于 2.0m。

（10）高压配电线路架设在同一横担上的导线，其截面差不宜大于三级。

（11）配电线路每相的过引线、引下线与邻相的过引线、引下线或导线之间的净空距离，不应小于下列数值：高压，0.3m；低压，0.15m。

（12）配电线路的导线与拉线、电杆或构架间的净空距离，不应小于下列数值：高压，0.2m；低压，0.1m。

（13）高压引下线与低压线间的距离不宜小于 0.2m。

六、架空配电线路的验收

在验收时应按下列要求进行验收。

1. 验收项目

（1）采用器材的型号、规格。

（2）线路设备标志应齐全。

（3）电杆组立的各项误差在规定范围内。

（4）拉线的制作和安装符合要求。

（5）导线弛度应符合设计图纸。

（6）相间、对地、交叉跨越距离及相邻建筑物的距离符合要求。

（7）电气设备外观应完整无缺损。

（8）相位正确、接地装置符合规定。

（9）沿线的障碍物、应砍伐的树及树木等杂物应清除完毕。

2. 验收时应提交下列资料和文件

（1）竣工图。

（2）线路设计书、变更设计的证明文件（包括施工内容明细表）。

（3）安装技术记录（包括隐蔽工程记录）。

（4）交叉跨越距离记录及有关协议文件。

（5）调整试验记录。

（6）接地电阻实测记录。

（7）有关的批准文件。

3. 验收的基本要求

（1）杆塔移位与倾斜的允许范围。杆塔偏离线路中心线不应大于0.1m。木杆与混凝土杆倾斜，转角杆、直线杆不应大于15/1000，转角杆不应向内角倾斜，终端杆不应向导线侧倾斜，向拉线侧倾斜应小于200mm。铁塔倾斜度，50m以下倾斜度应不大于10/1000，50m及以上倾斜度应不大于5/1000。

（2）电杆坑、拉线坑的深度允许偏差，应不深于设计坑深100mm，不浅于设计坑深50mm。

（3）电杆组立应正直，支线杆横向位移不应大于50mm，杆梢偏移大于梢径的1/2，转角杆紧线后不向内角倾斜，向外角倾斜不应大于1个梢径。

（4）直线杆单横担应装于受电侧，终端杆、转角杆的单横担应装于拉线侧。横担的上下歪斜和左右扭斜，从横担端部测量不应大于20mm。横担等镀锌制品应热浸镀锌。

（5）混凝土杆不应有严重裂纹、流铁锈水等现象，保护层不应脱落、酥松、钢筋外露，不宜有纵向裂纹，横向裂纹不宜超过1/3周长，且裂纹宽度不宜大于0.5mm；木杆不应严重腐朽；铁塔不应严重锈蚀，主材弯曲度不得超过5/1000，各部螺栓应紧固，混凝土基础不应有裂纹、酥松、钢筋外露现象。

（6）横担与金属应无严重锈蚀、变形、腐朽。铁横担、金属锈蚀不应起皮和出现严重麻点，锈蚀表面积不宜超过1/2。木横担腐朽深度不应超过横担宽度的1/3。

（7）横担上下倾斜、左右偏歪不应大于横担长度的2%。

（8）导线通过的最大负荷电流不应超过其允许电流。

（9）导线与绝缘子固定可靠，金具规格应与导线规格相适配。

（10）导线接头无变色和严重腐蚀，连接线夹螺栓应紧固。

（11）导线应无断股、扭绞和死弯，7股导线中的任一股导线损伤深度不得超过该股导线直径的1/2；19股及以上导线，某一处的损伤不得超过3股。用绝缘导线架设的线路，绝缘破口处应修补完整。

（12）对于导线过引线、引下线对电杆构件、拉线、电杆间的净空距离，1～10kV不小于0.2m，1kV以下不小于0.1m。

对于每相导线过引线、引下线对邻相导体、过引线、引下线的净空距离，1～10kV不小于0.3m，1kV以下不小于0.15m。

高压（1～10kV）引下线与低压（1kV以下）线间的距离不应小于0.2m。

（13）三相导线弛度应力求一致，弛度误差应在设计值的±5%之内；一般档距导线弛度相差不应超过50mm。水平排列的同挡导线间弛度偏差为±50mm。

（14）绝缘子、瓷横担应无裂纹，釉面剥落面积不应大于100mm²，瓷横担线槽外端头釉面剥落面积不应大于200mm²，铁脚无弯曲，铁件无严重锈蚀。

（15）应根据地区污秽等级和规定的泄漏比距来选择绝缘子型号，验算表面尺寸。

（16）拉线的绝缘子及金具应齐全、位置正确，承力拉线应与线路中心线方向一致；转角拉线应与线路分角线方向一致。拉线应收紧，收紧程度与杆上导线数量规格及弛度相适配。

（17）拉线应无断股、松弛和锈蚀。拉线棒应无锈蚀、变形、损伤及上拔等现象。拉线基础应牢固。周围土壤无突起、淤陷、缺土等现象。

（18）水平拉线对通车路面中心的垂直距离不应小于 6m。

（19）接户线的绝缘层应完整，无剥落、开裂等现象；导线不应松弛；每根导线接头不应多于 1 个，且应用同一型号导线相连接。

（20）接户线档距内不应有接头。接户线两端应设绝缘子固定，绝缘子安装应防止瓷裙积水。采用绝缘线时，外露部分应进行绝缘处理。两端遇有铜铝连接时，应设有过渡措施。进户端支持物应牢固，无锈蚀、腐朽。电力接户线的安装，其各部分电气距离应满足设计要求。1kV 及以下的接户线不应从高压引线间穿过、不应跨越铁路。由两个不同电源引入的接户线不宜同杆架设。接户线固定端采用绑扎固定时，其绑扎长度应符合设计规定。

（21）接地体规格、埋设深度应符合设计规定。接地装置的连接应可靠。连接前应清楚连接部位的铁锈及其附着物。采用垂直接地体时，应垂直打入，并与土壤保持良好接触。采用水平敷设的接地体应平直，无明显弯曲。接地引下线与接地体连接，应便于解开测量接地电阻。接地电阻值应符合有关规定，接地引下线应紧靠杆身，每隔一定距离与杆身固定一次。接地沟的回填宜选取无石块及其他杂物的泥土，并应夯实。在回填后的沟面应设有防沉层，其高度为 100～300mm。

（22）导线、接户线的限距及交叉跨越距离应符合规定。

▶ 第二节　电　缆　线　路

一、电缆线路的设计

（一）电缆型式的选择

电缆护层应按照敷设环境及是否承受拉力与机械外力作用来选择，一般考虑以下几点：

（1）架空敷设或沿建筑物和构筑物敷设受外力破坏的几率大，一般不选用裸包电缆；

（2）厂房内敷设宜选用不带麻被层的电缆；

（3）在电缆沟和隧道内敷设宜选用裸钢带铠装电缆，也可选用带塑料外护层的电缆，同时要依据具体情况确定是否选择阻燃型、防水型电缆；

（4）对冲砂的沟槽可选用带麻被层和塑料外护层电缆；

（5）直埋电缆宜选用带钢铠（有麻被）的电缆，在含有腐蚀性土壤地区应选用塑料外护层电缆；

（6）户外架设宜选用不延燃耐腐蚀护层电缆；

（7）大跨越栈桥或排水沟电缆应选用钢丝铠装电缆；

（8）垂直敷设或高落差处应选用不滴油电缆或交联电缆。

（二）电缆截面的选择

选择电缆导体截面，应从以下方面考虑并从中选择最大者。

1. 按电缆长期允许载流量选择电缆截面

为保证电缆的运行寿命，运行中电缆导体温度不应超过长期允许工作温度。因此在选用电缆截面时，应满足 $I' \geqslant I$，其中，I' 为电缆长期允许载流量（A），I 为通过电缆最大持续负载电流（A）。

2. 根据电缆短路时的热稳定性选择电缆截面

对于 10kV 配电电缆应按下式校验其短路热稳定

$$A = I_{\mathrm{d}} \sqrt{t}/K \qquad\qquad (2-1)$$

式中　A——电缆导体截面积，mm^2；

　　　I_{d}——通过电缆的稳态短路电流，A；

　　　t——短路电流通过电缆时间，s；

　　　K——热稳定系数。

3. 根据经济电流密度校验电缆截面

以长期允许载流量选择电缆截面，只考虑电缆长期允许温度，如果绝缘结构具有较高的耐热等级，载流量可以取的较高。但是电缆导体的损耗与电流的平方成正比，所以，有时要从经济电流密度来校验和选择电缆截面。

4. 根据配电网络中的运行电压降来校核电缆截面

当网络无调压设施且截面较小、供电距离较长时，为保证供电质量，要按照允许电压降来校验和选择电缆截面。

（三）电缆敷设方式的选择

1. 电缆线路路径的选择

电缆路径的选择应从安全运行、经济、便于施工三方面来考虑。

（1）尽可能选择最短的路径供电。要结合远景规划选择电缆路径，尽量避开规划中需要施工的位置。

（2）确保电缆线路投运后无机械外力破坏、无振动、摩擦、化学腐蚀、杂散电流和热的影响。

（3）选择通风良好的地方。

（4）电缆尽可能水平敷设，高差不宜过大。

（5）选择路径要便于施工和日后的运行和检修。

（6）水底电缆要调查和掌握水文、海（河）床地形及变迁情况、地质组成、底层结构、水下障碍物、堤岸工程结构和范围、通航方式、船舶种类、航行密度和附近有无埋设水底电缆及其位置等资料；其次还需要现场测量河（海）地形图。

根据测量和历史资料分析确定电缆路径，一般应选择河床由泥、砂和砾石等构成的稳定地段，避开码头、捕捞区、锚地、避风港、航道疏浚区、港口建设规划区等，还要避开化工等腐蚀性物质排污区。选择水深较浅、流速较缓的河滩，便于施工作业。

2. 以下处所不宜选为电缆路径

（1）沟渠、低洼积水的位置。

（2）地下设施复杂（有热力、煤气管道）处。

（3）存放和加工、制造易燃、易爆或腐蚀性用品的地方。

3. 电缆敷设方式和基本要求

电缆敷设方式一般有直埋敷设、电缆沟敷设、电缆隧道敷设、排管敷设和架空敷设、水下敷设等几种。其中电缆沟有普通电缆沟和充砂电缆沟；架空敷设分桥架、沿建（构）筑物支架和梯架敷设及钢索悬挂敷设等。

因敷设方式不同，其对应技术要求也有所不同，但共性的要求有以下几点：①油纸电缆的最大高差不得超过其规定（见表 2-5），普通交联绝缘电缆的最大高差不宜超过 100m；②电缆保持最小弯曲半径（见表 2-6）；③电缆支撑点满足规范要求（见表 2-7）；④在电缆易受损伤的部位加保护管，内径大于电缆外径 1.5 倍；⑤必要时采取防火措施和选用阻燃电缆。

表 2-5 电缆允许最大高差

电 压 等 级（kV）	铅 包（m）	铝 包（m）
6～10	15	20
20～35	5	

表 2-6 电缆弯曲半径

电 缆 种 类	弯曲半径与电缆外径的倍数
纸绝缘三芯统包电缆	15
交联电缆	20

表 2-7 电缆支撑点最大允许距离 （mm）

敷 设 方 式	钢 带 铠 装	钢 丝 铠 装
水平敷设	1000	3000
垂直敷设	1500	6000

（1）直埋敷设。

1）适用范围。地下无障碍，土壤中不含较为严重的酸碱盐等腐蚀性介质同时电缆回路数少，人员和车辆通行不频繁的地方。

2）技术要求。

a. 一般选用防腐层、铠装电缆。

b. 埋深一般不小于 0.8m，冬季冻土深度大于 0.8m 的地区适当加大埋设深度。

c. 电缆相互水平接近时，保持 0.25m 的距离。

d. 电缆相互交叉时，保持间距 0.5m。

e. 沟槽底部保持良好土质，不应有石块和硬质杂物。电缆敷设完毕后，用软土和沙回填并铺设盖板，宽度超出电缆两侧 50mm。

f. 电缆与城市街道、公路、铁路或排水沟等交叉时应采用穿钢管保护，管内径不小于电缆外径的 1.5 倍。管顶距路轨底或路面深度不小于 1m。距城市道路面深度不小于 0.8m。管长两端伸出公路和轨道 2m。

g. 电缆中间接头外应安装防止外力机械损伤的防护盒。

h. 应设立电缆位置标桩和标志。

（2）电缆沟敷设。

1）适用范围。在发电厂、变电站及一般工矿企业的生产区域内，均可采用电缆沟敷设方式。地下水位高，含有较高化学成分的区域，不宜采用沟槽敷设，如化工企业。

电缆沟的形式有两种：一般场所可采用普通电缆沟，在易燃、易爆和火灾危险场所可采用充砂电缆沟。

2）技术要求。

a. 电缆沟一般是由砖砌成，顶部可以采用钢筋混凝土盖板，电缆可直接敷设在沟底也可放置在支架上。为保持干燥，适当设立积水坑。

b. 电缆在沟内保持表2-8所列的最小允许距离。

表2-8 　　　　　　　　　　　　　**电缆在沟内保持的最小允许距离** 　　　　　　　　　　（mm）

名　　称	最小允许距离	名　　称	最小允许距离
两边有支架时，支架间水平净距	500	支架各层间距（10kV）	150
一边有支架时，架与壁之间的水平净距	450	支架各层间距（20kV）	200
最上层支架至沟顶净距	150～200	电缆间水平净距	35
最下层支架到沟底净距	50～100		

c. 充砂电缆沟内，电缆平行敷设在沟中，电缆间净距不小于35mm，层间净距不小于100mm，中间填充细沙。

d. 沟全长段内应装设连续接地线，在两端与接地极相连。

（3）电缆隧道敷设。

1）适用范围。重要回路和密集型出线时一般采用电缆隧道。运行维护方便，不易受外界破坏，便于在运行中发现问题和异常。

2）技术要求。

a. 电缆在隧道内宜保持表2-9所列的最小允许距离。

表2-9 　　　　　　　　　　　　　**电缆在隧道内保持的最小允许距离** 　　　　　　　　　　（mm）

名　　称	最小允许距离	名　　称	最小允许距离
隧道高度	1900	支架各层间距（10kV）	200
两边有支架时，支架间水平净距	1000	支架各层间距（20kV）	250
一边有支架时，架与壁之间的水平净距	900	电缆间水平净距	35

b. 隧道全长段内应装设连续接地线，在两端与接地极相连。

c. 隧道内应有良好的通风、照明和排水设施。

（4）排管敷设。

1）适用范围。在城区和市区内，不宜建造电缆沟和隧道的情况下，采用排管敷设。排管敷设有以下优点：

a. 减少外力破坏和机械损伤；

b. 减少土壤中化学成分对电缆的侵蚀；

c. 检修和更换电缆方便;

d. 可以敷设新电缆,不必开挖路面。

2)技术要求。

a. 敷设排管内电缆要选用有塑料护套的电缆,排管内壁光滑,对电缆无化学腐蚀,管内径大于电缆外径 1.5 倍。

b. 为便于检查和敷设电缆,每隔 50~80m 设置检查井。排管通向人井应有 1/1000 的倾斜度,以便管内的水流向人井内。

(5)架空敷设。

1)适用范围。在工矿企业厂区内部,特别是发电厂、化工厂,地下管线和沟道一般都比较多,其厂房和附近的土壤和地下水含有较高的腐蚀性物质,因而在许多场合直埋、电缆沟道敷设都合适。电缆架空敷设的路径选择余地大,配置灵活,与管道交叉容易处理,不受地下管道和沟道的影响与限制,有三种形式。

a. 支架和梯架敷设。适用于厂房内和厂房间的配电线路。

b. 架空廊道(桥架)敷设。适用于电缆根数多,负荷较为集中的供配电线路。

c. 钢索悬挂敷设。适用于电缆根数少,地下敷设较为困难的场合或短期的临时线路。

2)技术要求。

a. 电缆与热力管或热力设备之间的净距,平行时不小于 1m,交叉时不小于 0.5m。如无法满足要求,采取隔热措施。

b. 尽量避免太阳直接照射,必要时加遮阳罩。

二、电缆线路的施工

(一)电缆的敷设

敷设电缆工作量大,需要人员多,施工现场情况复杂,需要统一的指挥,便于协调配合。

1. 电缆敷设前的准备

(1)电缆的准备。首先校对电缆材料清册的长度是否正确,规格和型号是否符合设计图纸。清点敷设使用的机具、材料是否处于正常工作状态,数量是否满足要求。

(2)敷设现场的准备。

1)布置敷设路径上的安全措施,施工不便处要搭建脚手架,照明不足的地方要设置必要的照明,布置滑轮、牵引机具等。

2)疏通电缆排管、清理路径内的杂物以及通风、抽水。

3)做好对外联系工作。事先与影响电缆敷设的单位,如市政部门、交通管理部门、绿化园林部门做好工作联系和协商,办理有关手续。

(3)确定施工方案。根据现场情况确定施工方案,制订施工平面布置、确定电缆中间接头位置、确定输送机的位置和数量、确定各类滑轮的位置和数量。

(4)人力准备。在特殊的地段(如转弯处、竖井处等)设立人员监护,同时在输送机的位置也要设立专人操作和监控。同时确保现场指挥通信畅通,绘制现场人员配置图,使所有人员明确自己的位置和职责。

(5)敷设前的进一步核实。组织者在电缆正式敷设前对现场情况开展最后一次核实,核实内容有:材料机械的准备情况;电缆情况;人员到位情况、沿线安全措施落实情况、通信指挥系统运转情况等，避免敷设过程中发生阻碍。

2. 现场指挥和注意事项

(1) 现场指挥。组织者应对所有参加人员交代敷设的顺序和方案以及注意事项和关键点。敷设时安排专人领线、专人施号、专人传送信号和专人检查。牵引机械设专人操作，统一指挥，密切配合，行动一致。

(2) 敷设电缆注意事项。

1) 检查电缆绝缘。

2) 运输过程中注意不要损伤电缆。

3) 保证电缆的最小弯曲半径。

4) 预留一定的电缆长度。

5) 转弯、交叉、检查井以及电缆两端设立标志牌。

6) 冬季气温较低时敷设电缆，要对电缆进行预热。不同电缆加热的要求也各不相同，按照电缆绝缘型式的不同，选择加热的温度和时间。电缆预加热有两种办法：一种是户内暖气加热（搭建温棚等）；另一种是电流加热，电缆在电流加热的过程中，要始终监测电流和电缆表面温度，在任何情况下不应超过下列数值：3kV 及以下电缆为 40℃，6~10kV 电缆为 35℃。加热后要尽快敷设，以免电缆变冷。

切断电缆后要用专用的密封罩将断头密封。机械牵引敷设电缆时，牵引强度不应大于表2-10所列数值。电缆引出地面时，露出地面部分应加保护管防护，防止外力损伤。

表2-10 电缆最大牵引强度 (MPa)

牵引方式	允许牵引强度			
	铜芯	铝芯	铅包	铝包
牵引头	0.7	0.4		
网套			0.1	0.4

(二) 电缆的运输和装卸

(1) 在电缆运输过程中，不应使电缆及电缆盘受到损伤。电缆盘严禁平放储存，平放运输。用汽车运输电缆时，电缆应尽量放在车斗前方，并用钢丝绳绑牢固定（跟车人员站在电缆后面）以防汽车起动或紧急制动时，撞坏车体或挤伤人员。

(2) 电缆的装卸工作主要是安全问题，应注意以下几点：

1) 装卸电缆时，不允许将吊装绳直接穿入电缆盘轴孔内吊装，以防止轴孔损坏使电缆造成损伤。

2) 电缆卸车时，若采用木跳板溜放时，跳板应坚固，不能过窄、过短，坡度不可过大，下溜放时要缓慢进行，电缆轴前不可站人。

3) 电缆运至的存放地点应干燥，地基坚实，平整，易于排水，便于敷设。

(3) 电缆展放要求：

1) 人工滚动电缆盘时，滚动方向必须顺着电缆缠紧方向（盘上有方向标志），力量要均匀，速度要缓慢平稳。推盘人员不得站在电缆前方、两侧人员所站位置不得超过电缆盘的轴中心，以防人员压伤。

2）电缆展放上、下坡时，可在电缆轴中心孔内穿上铁管，再在铁管上拴绳，拉放时，力量要平衡，使其缓慢进行。

3）在拐弯处敷设电缆展放时，操作人员必须站在电缆弯曲半径的外侧，切不可站在弯曲度的内侧，以防挤伤操作人员。

4）穿管敷设时，敷设电缆人员必须做到送电缆时手不可距离管口太近，以防止挤手；迎电缆时，眼及身体不可直对管口，以防戳伤。

5）敷设电缆时，架设电缆盘的地面必须坚实平整，支架必须采用有底部平面的专用支架，不得使用千斤顶代替。

（4）电缆展拉引的方法。拉引电缆时，可以参照以下两种方法。

1）人力拉引。这种拉引方法需要的施工人员较多，并且人员要定位，电缆从盘上端引出如图 2-1 所示。电缆展放过程中，在电缆盘两侧有滚动和制动盘的操作人员。为了避免电缆在展放过程中受到拖拉而损伤，电缆应放置在固定的滚柱上。

施工前先由指挥者做好施工交底工作。施工人员布局要合理，听从指挥者的命令指挥，拉引电缆速度要均匀，相互配合，电缆敷设进行的指挥人员必须对施工现场（电缆走向顺序、排列、规格、型号、编号等）十分清楚，以防止返工。

拖拉电缆时，可将特制的钢丝网套套在电缆末端，如图 2-2 所示。

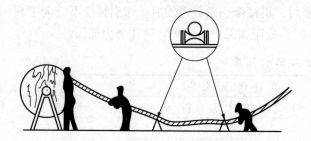

图 2-1　人工展放电缆示意图

图 2-2　敷设电缆用的钢丝网套
1—网套；2—电缆

2）机械拉引。当敷设大截面积、重型电缆时，宜采用机械拉引方法。施工时，先将牵引端的线芯与铅（铝）包皮封焊成一体，以防线芯与外皮之间移动。具体做法是将特制的拉杆插在电缆线芯中间，用铜线绑扎后，用焊料将拉杆、导体、铅（铝）包皮三者焊在一起（注意封焊严密，以防潮气进入电缆内）。

（5）牵引动力。为了保证施工安全，卷扬机牵引展施电缆时，其速度在 8m/min 左右为合适。不可过快，电缆长度不宜太长，注意防止电缆行进时受阻而拉坏，并注意电缆在滚柱上的滑动，不要脱落。

（三）附件制作

1. 10kV 户内、外交联聚乙烯绝缘热缩型电缆终端制作

纸绝缘 10kV 交联聚乙烯电缆由于电缆结构与油浸纸绝缘电缆有着明显的区别，因此在电缆终端的制作过程中注意做好绝缘处理和等电位处理，制作时按图纸所示给定的尺寸剥切电缆，具体要求基本与油浸纸绝缘电缆终端制作工艺相同。

（1）10kV 户内、外交联聚乙烯绝缘热缩型电缆终端总示意图如图 2-3 所示。

（2）10kV 户内、外交联聚乙烯绝缘热缩型电缆终端制作工艺。

1）按电缆制作尺寸打钢带卡子，锯断钢带。

2）用四氟带将内统层在钢带卡子上端缠绕两或三层，约 20mm。

3）沿缠绕层的上端剥开电缆统包层，除去充填物，让电缆线芯自然分开。焊地线，选用镀锡编织铜线。

4）做电缆铠装接地线，预先将编织线拆开分为三股重新编织，分别缠绕在各相并绑牢焊接在铜带上，如有钢带铠装，应将编织线用 1～1.5mm² 铜线绑扎后和钢带焊牢。在防潮段的地线用锡填满编织线的空隙长 15～20mm，形成防潮段，如图 2-4～图 2-6 所示。

5）填充三叉处。用电缆充填胶填充并绕包三线芯分支处，使其外观呈橄榄状。包后直径大于电缆外径 15mm，并将地线包在其中。绕包充填前，应先清理电缆线芯和电缆表面脏污。

6）安装三指护套。将三指护套套在电缆分叉处，用白布条勒住三指护套分叉处向下用力拉，使其与线芯根部尽量靠

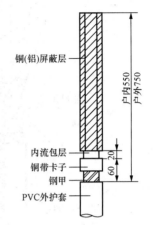

图 2-3　10kV 户内、外交联聚乙烯热缩型终端剥切尺寸

紧。在装护套时，应在护套上作明显标记，使防潮段约 60mm，然后对三指护套进行加热。其加热收缩方法步骤按油浸纸绝缘电缆终端工艺的热收缩方法进行。

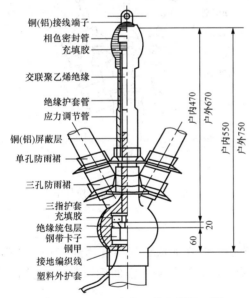

图 2-4　10kV 户内、外交联聚乙烯绝缘热缩型电缆终端总示意图
（虚线部分为户外增加部分）

7）按图 2-7 所示尺寸要求剥切屏蔽层和绝缘层，先在需要切割铜屏蔽的位置处用裸铜线直径 1～1.5mm 扎线缠绕两或三圈绑紧。然后用电工刀轻轻将铜屏蔽割断，注意切勿损伤铜屏蔽内的半导体层。切口处应光滑无毛刺，并用焊锡焊牢。剥切外半导体层时不要损伤主绝缘，对于残留的半导体层应用细砂布打磨干净并用清洗剂清洗干净。

8）安装应力调节管。清洁绝缘表面和铜带屏蔽层表面，确保绝缘表面无炭迹，套入应力调节管，搭接在铜屏蔽 20mm，加热固定。

9）套入外绝缘护套管。待应力调节管冷却后，再次对绝缘层，应力调节管，三指护套分支表面进行清洁处理，然后套入对绝缘护套管，下端至三叉根部后热缩固定。

10）压接接线端子。确定引线长度，按接线端子孔深加 5mm，剥除线芯端部绝缘，端部削成"铅笔头"状，压接线端子后，清洁表面用充填胶充填绝缘层和接线端子之间的孔隙和接线端子上的压坑、与绝缘层和端子均匀搭接 10mm 左右，使其平滑。

11）固定相色密封管，以将绝缘护套管的端部搭盖严密为宜。户内终端制作完毕。若是

户外终端，则需按图2-8所示尺寸分别固定三孔防雨裙和单孔防雨裙。其加热方法同油浸纸绝缘电缆终端相同，户外终端制作完毕。

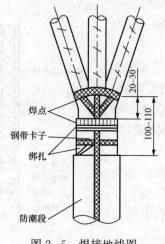

图2-5　焊接地线图

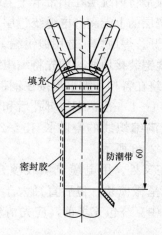

图2-6　焊接地线图（钢带铠装）

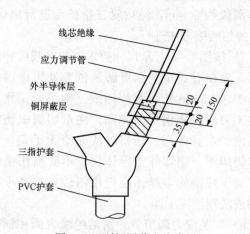

图2-7　剥切屏蔽和绝缘层

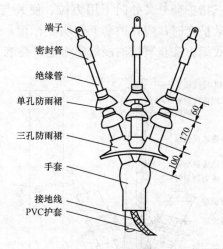

图2-8　10kV交联聚乙烯绝缘热缩型户外电缆终端

（3）热缩管加热固定技术要领。

1）所有热缩管均系橡塑料经交联辐射特殊工艺加工制作而成，当温度达到110～120℃时开始收缩，该材料在140℃短时间作用下性能不受影响，但局部高温时间过长，将影响材料性能，甚至烧毁。

2）加热固定可利用喷灯进行，但能否得到适宜的火焰是加热关键，故应仔细观察、反复调节，以得到带有黄色顶焰的柔和的蓝色火苗。"铅笔头"状的蓝色火焰因其温度过高而不能用于加热。黄色火焰又因其温度过低，且燃烧不完全产生烟尘影响热缩质量和绝缘性能而不能使用。

3）火焰调好后，要缓慢接近热缩材料，并在其周围不停移动，确保收缩均匀。然后，再缓慢延伸，火焰应朝收缩方向运动，以利于热缩管均匀收缩。

4）热缩管收缩后，其表面应光滑无皱折，可看清内部结构的轮廓，而且密封部位应有少量的胶油挤出，表明密封完好。

5）在制作过程中所有热缩护套未完全冷却之前，不得拉伸或弯曲电缆。

6）每一个套管的热缩操作须一气呵成，不能中途停顿，同时严禁在施工中途停止或休息，以防电缆油渗出。

7）按尺寸要求，参照电缆附件套管长度确定剥切电缆的尺寸，热缩管应尽量避免切割。必须切割时，其切割端面要平整，不要有凸凹裂口，以避免在收缩时因应力集中而造成开裂。黑色的应力调节管不能随意切割，以保证必要的长度要求。

8）为避免电缆端头、接线端子和铅包处渗油或潮气侵入，确保密封可靠，可在加热绝缘套管和三指护套时，先在接线端子或铅包处进行预热处理，使其与热缩管紧密结合在一起。

（4）热缩型交联聚乙烯绝缘电缆终端安装程序。

1）固定电缆末端。先校直电缆末端并固定，如图2-9所示，对户外终端由电缆末端量取750mm（户内终端量取550mm），在量取处刻一环痕。

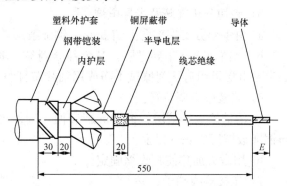

图2-9　热缩型交联聚乙烯绝缘电缆终端
（E＝接线端子孔深＋5mm）

热缩型交联聚乙烯绝缘电缆终端主要材料如表2-11所示。

表2-11　　　　　　　热缩型交联聚乙烯绝缘电缆终端主要材料

序　号	材　料　名　称	备　　注
1	三指套	70～110mm
2	绝缘套	(30～40)mm×450mm
3	应力控制管	(25～35)mm×150mm
4	绝缘副管	(35～40)mm×100mm
5	相色管	(35～40)mm×50mm
6	填充胶	
7	接地线	
8	接线端子(与电缆线芯相配)	
9	绑扎铜线	
10	焊锡丝	

2）剥切电缆。

a. 顺着电缆方向破开塑料层，然后向两侧分开剥除。

b. 在护层断口处向上略低于30mm处用铜线绑扎铠装层作临时绑扎，并锯开钢带。

c. 在钢带断口处保留内衬层20mm，其余剥除，摘去填充物，分开线芯。

3）焊接接地线。

a. 预先将编织软铜带一端拆开分均三份，重新编织后分别包绕各相屏蔽并绑牢固，焊接在铜带上。如有铠装，应将编织线用扎线绑扎后和钢铠焊牢。

b. 将靠近铠装处的编织带用锡填满，形成防潮段，编织带填锡的长度约为 20mm。

4）安装分支手套。

a. 在三相交叉处和根部包绕填充胶，使其外观平整，中间略呈苹果形，最大直径大于电缆外径约 15mm。

b. 清洁、安装分支手套处的电缆护套。

c. 套进分支手套，尽量往下，然后用微火环绕加热，由手指根部往两端加热收缩固定，待完全收缩后，端部有少量胶挤出，密封良好。

5）剥切分相屏蔽及半导电层。

a. 由手套分支端部向上留 55mm 铜屏蔽层，割断屏蔽带，断口要整齐。

b. 保留 20mm 半导电层，其余部分剥除，剥切应干净，但不能伤及线芯绝缘。对残留的半导电层可用清洗剂擦拭干净或用细纱布打磨干净。

6）安装应力调节管。

a. 清洁绝缘屏蔽层、铜带屏蔽表面，确保绝缘表面无炭迹，套入应力管；应力管下部与铜屏蔽搭接 20mm 以上。

b. 用微火加热使其收缩固定。

7）压接接线端子。

a. 确定引线长度 E（E＝接线端子孔深＋5mm）剥除线芯绝缘，剥切端部应削成锥形。

b. 清洗线芯和接线端子内孔，用细砂布或锉刀将其不平处打磨平整，压接接线端子。

c. 清洁线芯、接线端子表面，用填充胶填充绝缘和接线端子之间及压坑、填充胶带与线芯绝缘和接线端子均搭接 5～10mm，使其平滑过渡。

8）安装绝缘管。

a. 清洗线芯绝缘、应力管及分支手套表面。

b. 将绝缘套管套至三叉根部，管上端应超出填充胶 10mm 以上，由根部往上加热固定，并将端子处多余的绝缘管加热后割除。

9）安装副管及相色管。将副管套的端子接管部位，先预热端子，由上端起加热固定，再套入相色管，在端子接管处或再往下一点加热固定。户内终端安装完毕。

10）安装雨裙。

a. 对于户外电缆终端，在绝缘管固定后，再清洗绝缘表面，套入三孔雨裙位置定位后加热固定。

b. 按图 2-10 中的尺寸安装单孔雨裙，将其端正后加热收缩固定，再安装副管及相色管，户外终端制作完毕。

图 2-10 中，热缩型塑料绝缘电缆终端适用于 0.6/1kV 及以下电压等级的交联聚乙烯绝缘电缆或聚氯乙烯绝缘电缆；L 的长度根据电缆的截面和现场情况确定；终端所需材料由厂家配套供给。

2. 10（6）kV 交联聚乙烯绝缘电缆热缩接头制作

（1）设备及材料要求。

1）主要材料：电缆接头附件及主要材料由生产厂家备齐，并有合格证及说明书。

2）辅助材料：焊锡、焊油、白布、砂布、芯线连接管、清洗剂、汽油、硅脂膏等。

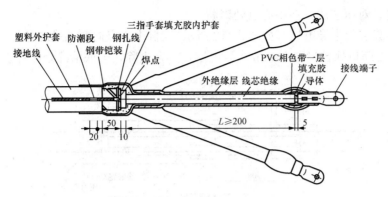

图 2-10　热缩型塑料绝缘电缆终端

（2）主要机具。喷灯、压线钳、钢卷尺、钢锯、电烙铁、电工刀、钢丝钳、螺钉旋具、大瓷盘。

（3）作业条件。

1）电缆敷设完毕，绝缘电阻测试合格。

2）作业场所环境温度在 0℃ 以上，相对湿度 70% 以下，严禁在雨、雾、风天气中施工。

3）施工现场要干净，宽敞，照明充足。施工现场备有 220V 交流电源和安全电压电源。

4）电缆接头制作人员应经过专门培训，并考核合格方可施工操作。

（4）操作工艺。工艺流程如下：

设备点件检查 → 剥除电缆护层 → 剥除铜屏蔽及半导电层 →

→ 固定应力管 → 压接连接管 → 包绕半导带及填充胶 → 固定绝缘管 →

→ 安装屏蔽网及地线 → 固定护套 → 绝缘试验 → 送电运行验收。

1）设备点件检查。开箱检查实物是否符合装箱单上的数量，外观有无异常现象。

2）剥除电缆护层（如图 2-11 所示）。

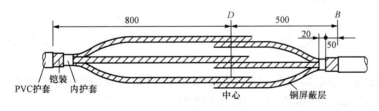

图 2-11　剥除电缆护层

D—中心到左侧电缆 PVC 护套边沿距离；B—中心到右侧电缆 PVC 护套边沿距离

a. 调直电缆。将电缆放平，在待连接的两条电缆端部的 2m 以内分别调直，擦干净，重叠 200mm，在中部作中心标线，作为接头中心。

b. 剥外护层铠装。从中心标线开始在两条电缆上分别量取 800、500mm，剥除外护层，距断口 50mm 的铠装上用铜丝绑扎三圈或用铠装带卡好，用钢锯沿铜丝绑扎处或卡子边缘锯一环形深痕，深度为钢带厚度的 1/2（不可锯透），再用螺钉旋具将钢带尖角撬起，然后用钢丝钳夹紧将钢带剥除。

c. 剥内护层。从铠装断口处量取 20mm 内护层，其余内护层剥除，并摘除填充物。

d. 锯芯线。对压芯线，在中心点处锯断。

e. 剥除屏蔽层及半导电层（如图 2-12 所示），自中心点向两端线芯各量 300mm 剥除屏蔽层，从屏蔽层断口处各量取 20mm 半导电层，其余剥除，彻底清除绝缘体表面的半导质。

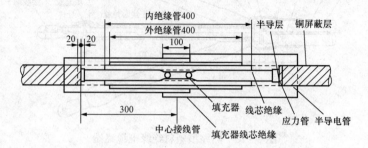

图 2-12　剥除屏蔽层及半导电层

f. 固定应力管（如图 2-13 所示）。在中心两侧的各相上套入应力管，搭盖铜屏蔽 20mm，加热收缩固定。套入管材（如图 2-14 所示），在电缆护层剥除较大一边套入密封管、保护筒，每相芯线上套入内、外绝缘管，半导电管，铜网。加热收缩固定的热材料，应注意：

（a）加热收缩温度为 110～120℃。因此，调节喷灯火焰呈黄色柔和火焰，谨慎调节火焰，以避免烧伤热收缩材料。

（b）开始加热材料时，火焰要慢慢接近热缩材料，在其周围移动，均匀加热焰朝着收缩方向预热材料。

（c）火焰应螺旋状前进，保证绝缘管沿周围方向充分均匀收缩。

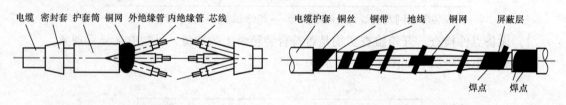

图 2-13　固定应力管　　　　　　　　图 2-14　套入管材

g. 压接连接管。在芯线端部量取 1/2 连接管长度加 5mm 剥除线芯绝缘层，由线芯断口量取 35mm，削成 30mm 长的锥体，压接连接管。

h. 包绕半导带及填充胶。在连接管上用细砂布除掉管子棱角和毛刺并擦干净。然后在连接管上包绕半导两端半导层搭接。在两端的锥体之间包绕填充胶厚度不小于 3mm。

i. 固定绝缘管。

（a）固定绝缘管。将三根内绝缘管从电缆内拉出分别套在两端应力管之间，一端加热收缩固定，加热火焰朝着收缩方向。

（b）固定外绝缘管。将外绝缘管套在内绝缘的中心位置上，由中间向两端加热收缩。

（c）固定半导电管。依次将两根半导电管套在绝缘管上，两端搭盖铜屏蔽层各再由两端向中间加热收缩固定。

j. 安装屏蔽网接地。从电缆一端芯线分别拉出屏蔽网，屏蔽层，端部用铜丝绑扎，用锡焊牢，用地线旋绕扎紧芯线，两端在铠装上用铜丝绑并在两侧屏蔽层上焊牢。

k. 固定护套如图 2-15 所示。将两瓣的铁皮护套对扣连接，用铅丝在两端锉刀去掉铁皮毛刺。套上护套筒，电缆两端密封套套在护套头上，两端各搭盖护套外护套各 100mm，加热收缩固定。

l. 送电运行验收。

（a）电缆接头制作完毕，按要求由试验部门试验。

（b）验收。试验合格后，送电空载运行 24h，无异常现象，办理验收手续交建

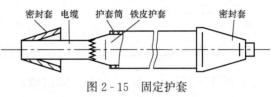

图 2-15　固定护套

设单位使用。同时，提交变更洽商、产品合格证、试验报告和运行记录等技术资料。

3）质量标准。

a. 保证项目。

（a）电缆接头封闭严密、填料饱满、无气泡、无裂纹、芯线连接紧密。

（b）电缆接头耐压试验、泄漏电流和绝缘电阻必须符合规范规定。

b. 检查方法：观察检查及检查试验记录。

c. 检查的基本项目。电缆接头外形美观，光滑，无皱折、有光泽，并能清晰地看到其内部结构轮廓。

d. 成品保护。

（a）设备开箱后，将材料按操作顺序摆放在瓷盘中，并用白布盖上，防止杂物进入。

（b）电缆接头制作完毕后，立即安装固定，送电运行，暂时不能送电或有其他作业时，对电缆接头加木箱予以保护，防止砸、碰。

e. 应注意的质量问题。

（a）从开始剥切到制作完毕必须连续进行，一次完成、以免受潮。

（b）电缆接头制作过程中，应注意的质量问题如表 2-12 所示。

表 2-12　　　　　　　　　　常发生的质量问题及防治措施

序　号	常发生的质量问题	防治措施
1	做试验泄漏电流过大	清洁芯线绝缘表面
2	绝缘管加热收缩时局部烧伤或无光泽	调整加热火焰呈黄色,加热火焰不能停留在一个位置
3	热缩管加热收缩时出现气泡、开裂	按一定方向转圈,不停进行加热收缩,切割绝缘管端面要平整

3. 10kV 三芯户内冷缩终端制作

10kV 三芯户内冷缩终端制作工艺流程如下：校潮→剥切护层→安装接地线→包 PVC 带→装三叉手套→作标识→包绕半导电带→安装接线端子→试验。

（1）校潮。选用 2500V 绝缘电阻表摇测电缆绝缘电阻，阻值应符合规程规定。

（2）剥切护层。

1）按图 2-16 所示将电缆置于预定位置，按表 2-13 给定的尺寸剥切外护套、铠装及衬

垫层，剥切长度为 $A+B$，衬垫层留 10mm。

表 2 - 13　　　　　　　　　　　　　　　　10kV 三芯户内冷缩终端

产品型号	导体截面积(mm²)	绝缘外径(mm)	A(mm)	B(mm)
5623PST—G	25～50	14～22	540	
5624PST—G	70～240	20～33	660	接线端子孔深+5
5625PST—G	300～500	28～46	660	

2）再往下剥切 25mm 的护套，露出铠装，并擦洗剥切区往下 50mm 长护套表面污垢。

3）护套口往下 25mm 处包绕两层 Scotch23 自粘绝缘带。

4）在顶部包绕 PVC 带，将铜屏蔽带固定。

（3）安装接地线（见图 2-17）。在护套口往上 90mm 的铜带上，分别装地铜环，将三条铜编织带一起搭在钢铠上。用恒力弹簧将接地线三条铜带一起固定在钢铠上。

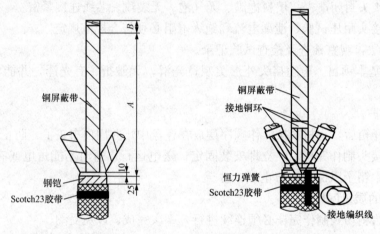

图 2-16　剥切护层　　　　　　　图 2-17　安装接地线

（4）包绕 PVC 带。在三个接地铜环上包绕 PVC 带（见图 2-18）。图 2-18 中，以电缆绝缘外径为选型最终决定因素，截面积为参考。

1）用 PVC 带将钢铠、恒力弹簧及衬垫层全部包绕覆盖。

2）将接地线贴放在护口下方的 Scotch23 自粘绝缘带上，然后再包绕 Scotch23 自粘绝缘带，将接夹在中间，形成防水口。

（5）装三叉手套。

1）按图 2-19 所示，将冷缩式三叉手套放到电缆根部，逆时针抽掉芯绳，先收缩颈部，然后再分别收缩三叉。

2）用 PVC 带将地线固定在电缆上。

（6）套冷缩管。按图 2-20 所示，套入冷缩式直管，与三叉手指搭接 15mm，逆时针抽掉芯绳，使其收缩。

（7）作标识。

1）按图 2-21 所示，冷缩式套管往上留 45mm 的铜屏蔽带，其余的切除。

2）铜屏蔽带往上留 5mm 的半导体层，其余的全部剥除。注意剥切时勿伤损绝缘。

3）按接管孔深度加上 10mm 切除顶部绝缘。

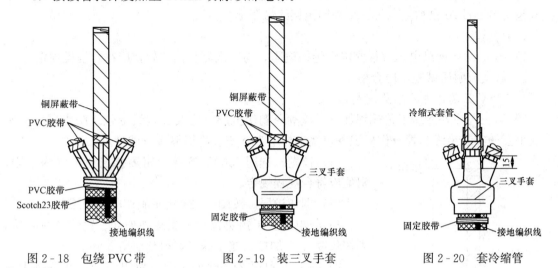

图 2-18　包绕 PVC 带　　　　图 2-19　装三叉手套　　　　图 2-20　套冷缩管

4）套管口往下 40mm 处，包绕 PVC 带作标识，此处为 QTII 安装基准。

（8）包绕半导电带。按图 2-22 所示，半叠式包绕 Scotch13 半导电带，从铜屏蔽带上端 10mm 处开始，包绕至 10mm 的主绝缘上，然后返回到起始处。

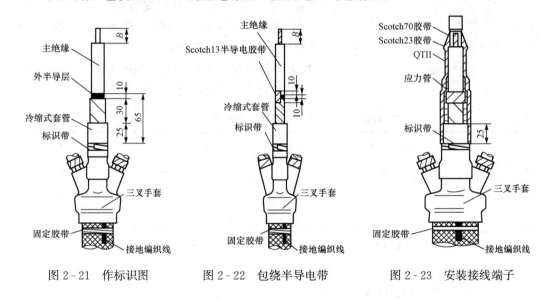

图 2-21　作标识图　　　　图 2-22　包绕半导电带　　　　图 2-23　安装接线端子

（9）安装接线端子。按图 2-23 所示安装接线端子，如果接线端子的宽度小于冷缩式终端的直径，步骤如下：

1）压接接线端子，锉平打光毛刺，并且清洗干净。

2）用清洗剂将主绝缘清洗干净。

3）在半导电体与主绝缘的搭接处涂上硅脂，将剩余硅脂涂抹在主绝缘表面。

4）套入冷缩式终端（QTII），定位于 PVC 标识处。逆时针抽掉芯绳，使终端固定收缩。

5）用 Scotch23 自粘绝缘带填平接线端与主绝缘之间的空隙。然后，从绝缘管开始，半叠式包绕 Scotch70 自粘绝缘带一个来回至接线端子上。

（10）试验。

1）用 2500V 绝缘电阻表摇测电缆绝缘电阻，与上次测量值比较，应符合规程规定。

2）做交流耐压试验，应合格。

4. 10kV 三芯户外冷缩终端制作

10kV 三芯户外冷缩工艺流程如下：校潮→剥切护层→安装接地线→包绕防水层→安装分支手套→安装绝缘套管→作标识→包绕半导电带→安装冷缩终端→试验。

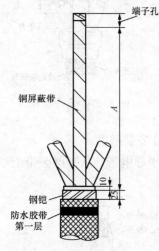

图 2-24　剥切电缆护层

（1）校潮。选用 2500V 绝缘电阻表摇测电缆绝缘电阻，阻值应符合规程规定。

（2）剥切护层。按图 2-24 所示剥切电缆护层。

1）将电缆置于预定位置，剥除外护套、铠装及衬垫层，剥切长度为 A 加接线端子深度，衬垫层留 10mm。

2）往下再剥切 25mm 的护套，留出铠装，并擦拭干净往下 50mm 长度的护套表面。

3）在护套口往下 25mm 处包绕两层防水胶带。

4）在顶部包绕 PVC 带，将铜屏蔽带固定。

（3）装接地线。按图 2-25 所示安装接地线。

1）在护套口往下 90mm 处的铜屏蔽带上，分别安装接地铜环，并将三条铜带一同搭在铠装上。

2）用恒力弹簧将接地编织带与三条铜带固定在钢铠上。

15kV 三芯户外冷缩终端的型号及尺寸见表 2-14。

表 2-14　　　　　　　　　　15kV 三芯户外冷缩终端的型号及尺寸

产品型号	护套外径(mm)	绝缘外径 E(mm)	导体截面积(mm)	A(mm²)
5633PST—G	20～30	16～23	35～70	540
5635PST—G	25～41	21～34	95～240	540
5636PST—G	35～48	28～42	300～400	590

注　选型以绝缘外径为最终决定因素，导体截面积为参考。

（4）包绕防水层。按图 2-26 所示包绕防水层。

1）在三个铜环上分别包绕 PVC 带。

2）在钢铠及恒力弹簧上包绕几层 PVC 带，包至衬垫层，将其全部包绕覆盖严密。

3）在第一层防水胶带的外部再包绕第二层防水胶带，将接地线夹在中间，以防水汽沿接地线空隙渗入。

（5）安装分支手套。按图 2-27 所示安装分支手套。

1）安装冷缩式电缆密封分支，将手套置于电缆根部，逆时针抽掉芯绳，先收缩颈部，然后，按同样方法分别收缩三芯。

2）用 PVC 带将接地编织线固定在电缆护套上。

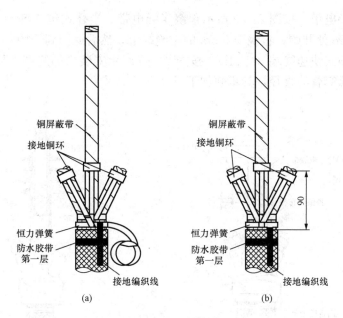

图 2 - 25　安装接地线

（a）安装接地线恒力弹簧前示意图；（b）安装接地线恒力弹簧后示意图

（6）安装绝缘套管。按图 2 - 28 所示安装绝缘套管。

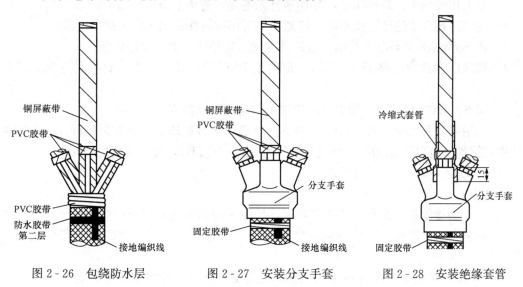

图 2 - 26　包绕防水层　　　图 2 - 27　安装分支手套　　　图 2 - 28　安装绝缘套管

1）将冷缩式套管分别套入三芯上。

2）使套管重叠在三叉手套分支上 15mm 处，逆时针抽掉芯绳将其收缩。

（7）作标识。

1）冷缩式套管口往上留 5mm 的半导体层，其余的全部剥除，剥切时勿损伤主绝缘。

2）按连接管孔深加上 10mm，切除顶部绝缘。

3）套管口往下 40mm 处，包绕 PVC 带作标识，此处为 QTII 安装基准。

（8）包绕半导电带。按图 2-29 所示包绕半导电带。半叠式包绕 Scotch13 半导电胶带，从铜屏蔽带上 5mm 处开始，包绕至 5mm 的主绝缘上，然后返回到开始处。

（9）安装冷缩式快速终端（QTII）。按图 2-30 所示安装冷缩终端。如果接线端子的宽度小于预张式绝缘套管的直径，其步骤如下。

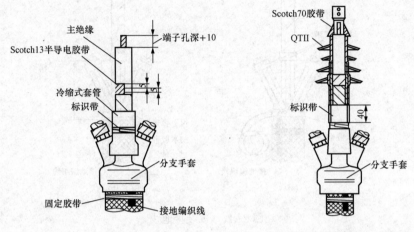

图 2-29 包绕半导电带　　　　　图 2-30 安装冷缩终端

1）套入接线端子，对称压接，并锉平打光毛刺，清洗干净接线端子。

2）用清洗剂将主绝缘清洗干净。注意：不可用擦过接线端子的布擦拭绝缘。

3）在 Scotch13 半导电带与铜屏蔽带及主绝缘搭接处，涂抹少许硅脂。

4）套入冷缩式快速终端（QTII），定位于 PVC 带标识处，逆时针抽掉芯绳，使终端收缩。

5）用 Scotch23 自粘绝缘带填平接线端子与绝缘之间的空隙。

6）从绝缘管开始半叠式来回包绕 Scotch70 胶带至接线端子上。如果接线端子的宽度大于冷缩式终端（QTII）的直径，应先安装冷缩终端（QTII），最后压接接线端子。

（10）试验。按照常规对电缆进行试验。

5. 10kV 三芯冷缩接头制作

10kV 三芯冷缩接头制作工艺流程如下：校潮→剥切电缆护层→包绕半导电胶带→安装冷缩接头主体→安装铜编织网→包绕防水带→安装铠装接地线，编织线→安装装甲带→试验。

（1）校潮。选用 2500V 绝缘电阻表摇测电缆绝缘电阻，阻值应符合规程规定。

（2）剥切电缆护层。10kV 三芯冷缩接头（QS2000）型号及尺寸见表 2-15。

1）将电缆置于终端位置，分别擦洗干净两端 1m 范围内电缆护套。

2）按图 2-31 所示尺寸剥切电缆。

注意：切除钢带铠装时，用铜丝将钢铠绑扎，切除后用 PVC 胶带将其端口锐边包绕覆盖住。

（3）包绕半导电胶带。按图 2-32 包绕半导电胶带并清洗主绝缘。

表 2-15　　　　　　　　　　　　　　　10kV 三芯冷缩接头（QS2000）

产品型号	绝缘外径 B(mm)	导体截面积(mm²)	接管外径(mm)	最大接管长度(mm)
QS2000—Ⅰ	17.7~26.0	50~150 50~95 70~150	14.0~26.0	170
QS2000—Ⅱ	22.3~33.2	150~300 150~300 95~240	18.0~33.2	170
QS2000—Ⅲ	28.4~43.0	300~500 300~400 240~400	24.0~43.0	230

注　以电缆的绝缘外径为选型决定因素，导体截面积为参考。

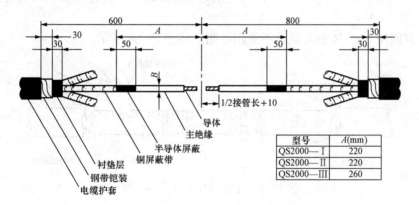

型号	A(mm)
QS2000—Ⅰ	220
QS2000—Ⅱ	220
QS2000—Ⅲ	260

图 2-31　电缆剥切尺寸

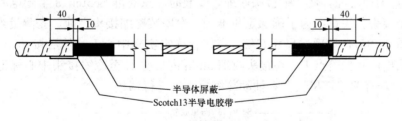

图 2-32　包绕半导电胶带

1）半叠式来回包绕 Scotch13 半导电胶带，从铜屏蔽带上 40mm 处开始包绕至 10mm 的外半导体层上，包绕端口应十分平整。

2）用清洗剂清洗电缆主绝缘，勿使溶剂触及半导体屏蔽层。

3）用砂纸打磨掉残留在主绝缘上的半导体，只能用不导电的氧化铝砂纸（最大粒度120），不能使打磨后的主绝缘外径小于接头选用范围。

4）在进行下一步骤前，主绝缘表面必须保持干燥，必要时用干净不起毛的布进行擦拭。

（4）安装冷缩接头主体。

1）按图 2-33 所示安装冷缩接头主体，从剥切长度较长的一端电缆装入冷缩头主体，较短的一端套入铜屏蔽编织网套。

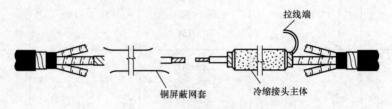

图 2-33　安装冷缩接头主体

注：冷缩接头必须安置于开剥较长的一端电缆，接线端方向如本图所示；不要压接
接管中心；压接后应对接管表面锉平打光滑，清洗干净。

2）按供应商的指示装上接管。

3）将 P55/R 混合剂涂抹在半导体层与主绝缘交界处，然后将其余剂料均匀涂抹在主绝缘表面上。

注意：只能用 P55/R 混合剂，不能用硅脂，如图 2-34 所示。

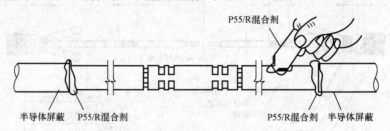

图 2-34　装接管涂 P55/R 混合剂

4）对准 Scotch13 半导电胶带的边缘将接头主体定位。

5）逆时针抽掉芯绳，使冷缩接头收缩，安装时注意对准 Scotch13 半导电胶带，然后按此步骤做三个接头。注意：为了确保定位准确，在安装冷缩接头之前，先测量绝缘尾端之间的尺寸（见图 2-35），然后按尺寸 $C/2$，在接管确定实际中心 D，然后按 300mm 在一边的铜屏蔽带上找出尺寸校验点 E，在接头收缩 5min 内校验 E 至冷缩接头中心标记的距离是否确为 300mm，若有偏差，尽快左右抽动冷缩接头以进行调整。

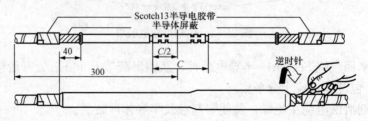

图 2-35　安装冷缩接头

（5）安装铜编织网。

1）在装好的接头主体外部套上铜编织网，如图 2-36 所示。

2）用 PVC 胶带将铜网套绑扎在接头主体上，再用两只恒力弹簧将铜网套固定在电缆铜屏蔽带上。

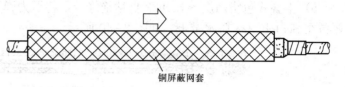

图 2-36　安装铜屏蔽网套

3）将铜网套的两端修齐整，在恒力弹簧前各保留 10mm。

4）半叠式包绕两层 Scotch23 自粘绝缘带，将恒力弹簧包绕覆盖。

5）用同样的方法完成另两相的安装，如图 2-37 所示。

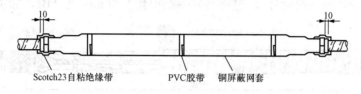

图 2-37　包绕胶带

（6）包绕防水带。

1）用 PVC 带将三芯电缆绑扎在一起。

2）包绕一层 Scotch2228 防水带，涂胶粘剂的一面朝外，将电缆衬垫包绕覆盖，如图 2-38 所示。

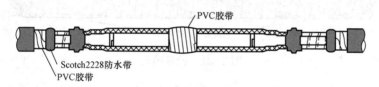

图 2-38　包绕防水带

（7）安装铠装接地线、编织线。

1）在编织线两端各 80mm 的范围将编织线展开。

2）将编织线展开的部分贴附在 Scotch2228 防水带和钢铠上，并与电缆外护套搭接 20mm。

3）用恒力弹簧将编织线的一端固定在钢铠上，搭接在外护套上的部分折回来一起固定在钢铠上，如图 2-39 所示。

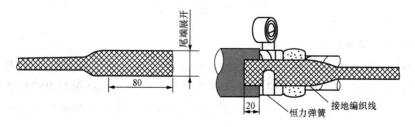

图 2-39　安装编织线

4）编织线的另一端也用同样方法步骤安装。

5）半叠式包绕两层 Scotch23 自粘绝缘带，将恒力弹簧连同铠装一起包绕覆盖牢固，不要包在 Scotch2228 防水带上，如图 2-40 所示。

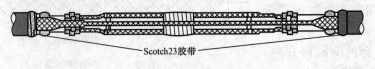

图 2-40 包绕胶带

6）用 Scotch2228 防水带作接头的防水密封，从一端护套上距离为 60mm 处（A）开始半叠式包绕（涂胶粘剂一面朝外），包绕至另一端护套上 60mm 处（B），如图 2-41 所示。

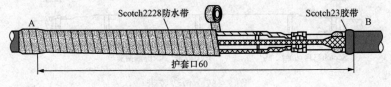

图 2-41 做防潮密封

（8）安装装甲带。

1）如果为得到一个整齐的外形，可先用防水胶带填平两边的凹陷处，如图 2-42 所示。

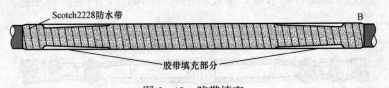

图 2-42 胶带填充

2）在整个接头处包绕装甲带，以完成整体安装，从一端电缆护套上 60mm 防水带开始半叠式包绕装甲带，至对面另一端 60mm 防水带上，如图 2-43 所示，为得到最佳效果，30min 内不得移动电缆。

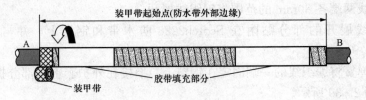

图 2-43 安装装甲带

6. 电气胶带及其他材料

冷缩（预张式）6/10/35kV 交联聚乙烯，橡、塑绝缘电力电缆附件，使用的电气材料及其他材料很多，制作方法要求严格，若材料使用选择不当，也将影响电缆接头质量，下面将电气胶带的种类、规格及电气、机械等特性及其他材料的使用方法简单予以介绍，供使用参考。

（1）Scotch13 包带简介。Scotch13 包带为半导电橡胶带，主要用于电缆绝缘屏蔽和绞合屏蔽，起到高电压场强下均匀电场的作用，在 6kV 以上电缆都有内、外屏蔽层。为了达到接头处导线屏蔽和绝缘屏蔽，必须手工包绕半导电橡胶带。

Scotch13 包带柔软性好，弹性足，拉伸率大，绕包时拉伸率一般约为原长度的 30%。

厚度：0.762mm；

最大电流：50mA；

抗拉强度：$1.05N/mm^2$；

体积电阻率：$103\Omega \cdot cm$；

工作温度：90℃；

伸长率：800%；

瞬间温度：130℃。

（2）Scotch130C 简介。Scotch130C 是一种从形性极好、乙丙橡基的高压绝缘自粘带。适用于 69kV 及以下的电缆终端和接头一次主绝缘的绕包制作，也可作电气接头的密封、防潮处理。该胶带具有极佳的物理/电气特性以及火焰自熄性，符合工业标准。

厚度：0.762mm；

介电强度：29.5kV/mm；

抗拉强度：$1.72N/mm^2$；

延伸断裂度：1000%；

工作温度：90℃；

体积电阻率：$>105\Omega \cdot cm$；

瞬时温度：130℃。

（3）Scotch2220 胶带简介。Scotch2220 胶带称应力消除带，用在绝缘屏蔽层上，只要在电缆铜屏蔽层及半导电层上和绝缘层上包上 Scotch2220 胶带，不需要绕包应力锥，所以使用较方便，质量好，银灰色面向外，绕包时拉伸率为原长度的 10%。它的介电常数为 30。

（4）Scotch2228 防水带简介。Scotch2228 防水带是一种从形性良好的绝缘防水胶带。胶带以乙丙橡胶为基材，涂覆有一层黏度高且温度稳定性好的胶粘剂。胶带耐高温，耐紫外线，防潮。主要用于 1kV 以下电缆接头、汇流母排的绝缘、防水处理，35kV 及以下电力电缆接头的防水处理，以及架空绝缘线接头的绝缘、防水处理。在户外使用时，为取得最佳耐磨性及抗紫外线效果，建议在外部再绕包一层 35PVC 胶带或者 FIT 胶带。

厚度：1.65mm；

介电强度：31.9kV/mm；

抗拉强度：$2.26N/mm^2$；

延伸断裂度：1035%；

工作温度：90℃瞬时。

（5）Scotch2242 简介。Scotch2242 是一种以乙丙橡胶为基本材料的经济通用型的绝缘自粘带，该胶带具有阻燃性及很高的从形性，亦具有耐老化性、耐高温、抗紫外线、抗臭氧。Scotch2242 主要用于电缆终端接头的主绝缘恢复，防潮处理及架空绝缘线接头的绝缘，防潮保护。

厚度：0.762mm；

抗拉强度：$1.72N/mm^2$；

断裂伸长率：1000%；

介电强度：29.5kV/mm；

体积电阻率：$>10^5 \Omega \cdot cm$；

工作温度：90℃；

瞬时温度：130℃。

（6）Scotch23 自粘绝缘简介。Scotch23 自粘性乙丙橡胶绝缘带，是电气绝缘带材，适用于作为电缆终端和接头缠绕绝缘材料，也适于各种变压器及电动机产品绝缘引出线。

该带拉伸率大，绕包时拉伸长度要求为原长度的 100％。柔软性好，不受气候温差变化的影响。耐压等级高，是各种电气接头主要绝缘材料，也是电缆接头、终端主要绝缘材料，由于该带绕包时，通过高拉伸、弹性足、不断裂，绕包时经拉伸后，带材层间薄容易将层间气体排出，这样其耐压强度得以提高，绝缘性能明显优越。

抗拉强度：$1.4N/mm^2$；

介质强度：31.5kV/mm；

工作温度：90℃；

绝缘电阻：$>1 \times 10^6 M\Omega$；

瞬时温度：130℃；

伸长率：1000％。

（7）Scotch24 包带简介。Scotch24 包带为金属编织网带，使用在 Scotch13 包带层外面，作为整个电缆接头金属屏蔽之用，或者终端下部应力锥上金属屏蔽之用，但截面积较小，所以不能作为接地使用，绕包时稍微拉伸包带，表面平整，比恢复铜带方便、服贴、但做接头，此带两端必须同电缆铜屏蔽层连接，并焊牢。

（8）Scotch70 包带简介。Scotch70 包带是一种自融性的硅橡胶带，具有耐高温及抗电弧、抗爬电的性能，同时具备抗臭氧、耐低温，良好的从形性、良好的自粘力及抗气候影响等多方面的优异功能。持续高温工作可达 H 级要求（180℃）。应用于高中低橡胶，塑料、乙丙橡胶（EPR）、PVC 及各种交联聚乙烯电缆终端的保护性缠绕，Scotch70 包带又可使用于长期持续高温操作达 H 级要求（180℃）的硅橡胶电缆。

厚度：0.305mm（0.012in）；

介质强度：34.45kV/mm；

强力强度：$2.1N/mm^2$；

抗电弧：1min（最少）；

延伸断裂度：450％。

（9）Scotch2229 简介。Scotch2229 是一种耐久性、从形性极好的防水胶粘剂带材，它对金属、橡胶、橡塑电缆主绝缘及外护套具有良好的粘合力。胶带耐腐蚀、耐紫外线、防水、温度稳定性好，主要用于 1kV 以下电力接头的绝缘（与 PVC 带配合使用），高压电缆终端及接头的防水处理以及管道的密封。

厚度：3.18mm；

介电强度：14.9kV/mm。

（10）FIT 胶带简介。FIT 胶带是一种以聚乙烯为带基，表面涂覆一层丁基橡胶的双层结构的防水绝缘自粘带，产品符合日本 JCAAD004 标准，具有良好的防水性、抗爬电性、耐紫外线，高延伸率，主要用于电缆接头及终端的防水保护，架空绝缘线接头的防水绝缘保护。

厚度：0.5mm；

抗拉强度：$0.56kg/mm^2$；

延伸率：483%；

体积电阻率：$5.9×10^{16}\Omega·cm$。

(11) Armorcast 装甲带。Armorcast 装甲带是一种具有弹性的紧密的玻璃纤维编织带。编织带预先应经固化的黑色聚氨酯浸泡，然后真空包装。如按包装上的说明正确使用，装甲带将凝固成坚韧牢固的结构。产品主要用于电缆接头的外护套及铠装的修复以及电缆外护套的修补，Armorcast 装甲带是一种理想的机械保护材料。

三、电缆线路的试验

1. 配电电缆电气试验分类、试验标准

为了保证安全供用电，电力电缆在产品出厂前、安装敷设后及运行过程中都要做一系列电气性能试验。电缆试验可分为型式试验、抽样试验、例行试验、交接试验和定期预防性试验。重点是交接试验和预防性试验。

交接试验是指新安装或大修后的电缆线路，在启动送电前进行的最后的鉴定性试验。通过试验检验设备在质量和安装方面的技术标准能否达到运行要求，实际上是设备的验收试验。

预防性试验是检验运行中电气设备在一定的时期内绝缘受潮、劣化和局部有无损伤的情况，跟踪和了解绝缘历年来变化的情况和规律。

对于电力电缆，除进行上述试验外，在敷设前还应开展质量检验性试验，如线芯直流电阻、绝缘电阻等的试验。

电缆交接试验的项目和标准如下。

(1) 测量绝缘电阻：交联绝缘电缆绝缘电阻值满足表 2-16 的规定。

表 2-16　　　　　　　　交联绝缘电缆绝缘电阻值（20℃）

额定电压 U_0/U(kV)	导体截面(mm²)	绝缘电阻值(mΩ/km)
8.7/10—12/20	<50	700
	50<S<150	500
	S>150	350

(2) 对交联绝缘电缆，应开展 0.1Hz 超低频、工频谐振或变频谐振耐压试验，同时测量泄漏电流，试验标准见表 2-17。

表 2-17　　　　　　　交联绝缘电缆工频、变频耐压试验标准

频率类别	工　　频		变　　频	
额定电压 U_0/U(kV)	6/10	8.7/15	6/10	8.7/15
试验电压(kV)	$2U_0(2.5U_0)$	$2U_0(2.5U_0)$	$2U_0(2.5U_0)$	$2U_0(2.5U_0)$
试验时间(min)	60(5)	60(5)	60(5)	60(5)

（3）检查电缆线路相序和相位。

1）表 2-17 中的 U 为电缆额定电压，U_0 为电缆线芯对地或金属屏蔽之间的额定电压。

2）试验时，试验电压可分 4～6 个阶段均匀升压，每阶段停留 1min。

3）泄漏电流一般不作为电缆是否投运的标准，仅作为判断绝缘状况的参考。

4）电缆的泄漏电流具有以下情况之一者，则可以认为电缆绝缘可能有缺陷，应找出缺陷部位并予以处理。

a. 泄漏电流很不稳定；

b. 泄漏电流随电压的升高急剧上升；

c. 泄漏电流随试验时间的延长而上升。

预防性试验的项目和标准：

橡塑绝缘电缆包括聚氯乙烯电缆、交联聚乙烯电缆和乙丙橡胶绝缘电缆。

橡塑绝缘电缆试验项目和标准见表 2-18。

表 2-18　　　　　　　　　　　橡塑绝缘电缆试验项目和标准

项　目	周　期	要　求	标　准
电缆主绝缘绝缘电阻	（1）重要电缆：1 年； （2）一般电缆 3.6kV 以上 3 年	采用 500V 或 5000V 绝缘电阻表	自行规定
电缆外护套绝缘	（1）重要电缆：1 年； （2）一般电缆 3.6kV 以上 3 年	采用 500V 绝缘电阻表	不低于 0.5MΩ/km
电缆内衬层绝缘电阻	（1）重要电缆：1 年； （2）一般电缆 3.6kV 以上 3 年	采用 500V 绝缘电阻表	不低于 0.5MΩ/km
主绝缘耐压和泄漏电流	停电 1 年以上重新投运； 重新制作电缆头	试验电压见表 2-19，不击穿	

橡塑绝缘电力交流耐压试验电压 U_{AC}、0.1Hz 超低频试验电压 U_{LF} 见表 2-19。

表 2-19　　　　橡塑绝缘电力交流耐压试验电压 U_{AC}、0.1Hz 超低频试验电压 U_{LF}

电缆类型	额定电压 U_0/U(kV)			
	6/10		12/20	
	U_{AC}	U_{LF}	U_{AC}	U_{LF}
聚乙烯绝缘电缆		$3U_0$		$3U_0$
交联聚乙烯电缆	$1.7U_0$	$3U_0$	$1.7U_0$	$3U_0$

注　试验时间为 60min。

2. 试验方法

（1）绝缘电阻。

1）试验目的。

a. 绝缘介质受潮情况；

b. 是否形成导电通道；

c. 绝缘的变化情况。

2）用绝缘电阻表测量绝缘电阻的接线方法。

a. 接线方式如图2-44所示。

绝缘电阻表 E 端一定要接在铜带或铅包上。

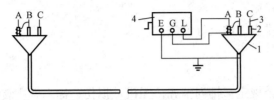

图2-44　用绝缘电阻表测量绝缘电阻的接线方式

1—电缆终端；2—套管或绕包的绝缘；3—导体；4—500～2500V 绝缘电阻表

b. 注意事项。

（a）因电缆线路较长，测量前后要有较长时间的放电，以防止烧坏绝缘电阻表或造成测量误差；

（b）测量结束后，不要关断仪器电源，应先断开"L"端与电缆的连接；

（c）要保证各连接线自身和连接线间的绝缘良好；

（d）测试电压较高时注意"G"端的连接；

（e）注意环境温度和电缆温度的记录。

（2）直流耐压。

1）试验目的。因试验电压比绝缘电阻表高，因此易于发现电缆绝缘缺陷，同时测量泄漏电流。但该试验对电缆有一定的破坏性，对于交联电缆则不开展直流耐压试验项目。

2）接线方式。如图2-45所示。

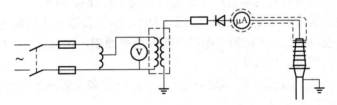

图2-45　直流耐压试验的接线方式

（3）交流耐压。

1）试验目的。电缆运行在工频交流电压下，比直流耐压有更好的等价性，分为工频交流耐压和变频交流耐压。

2）工频交流耐压试验的接线方式如图2-46所示。

为降低电缆电容对试验设备容量的需求，现场大多采用变频交流耐压试验接线。

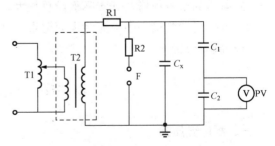

图2-46　绝缘子和套管交流耐压试验原理接线图

T1—调压器；T2—试验变压器；R1—限流电阻；R2—球隙保护电阻；F—球间隙；C_x—被试品电容；C_1、C_2—电容分压器高、低压臂电容；PV—电压表

四、电缆的验收

在电缆线路施工过程和竣工后，应组织运行部门开展验收工作。竣工验收合格后，

电缆线路启动投入运行。同时应将电缆线路施工资料归档，以便今后查阅。

1. 电缆线路验收的内容

（1）电缆本体及其附件。

（2）与电缆有关的设施。

（3）照明、通风、排水、防火等设施。

（4）技术资料和文件。

2. 验收的基本要求

（1）电缆规格应符合规定；排列整齐，无机械损伤；标志牌应装设齐全、正确、清晰。

（2）电缆的固定、弯曲半径、有关距离和接线以及相序排列等符合要求。

（3）电缆终端、接头安装牢固。

（4）接地良好，接地电阻符合设计要求。

（5）电缆终端相色正确，支架等部件固定焊接牢固，防腐措施完好。

（6）电缆沟道、隧道内应无杂物、积水，盖板齐全，检查井标号齐全、正确、清晰。井盖和上下脚钉齐全、固定牢固。照明、通风、排水设施齐全，并能正常投入运行。

（7）直埋电缆路径标志应与实际路径相符。路径标志清晰、牢固，间距适当。

（8）水底电缆线路两岸，禁锚区内的标志和夜间照明装置符合设计。

（9）防火设施符合设计要求。

（10）隐蔽工程应在施工过程中进行中间验收，并做好记录和签证。

3. 技术资料和文件要求

验收时应提交下列资料和技术文件：

（1）电缆线路路径协议文件。

（2）设计图纸、电缆材料清册、设计变更的证明文件和竣工图。

（3）直埋电缆的敷设位置图，比例宜为 1：500，地下管线密集区应不小于 1：100，管线稀少、地形简单地段可为 1：1000。提供电缆线路平面图，比例宜为 1：500。提供电缆的剖面图并注明各相关管线的相对位置。

（4）制造厂提供的产品说明书、试验记录、合格证件和安装图纸等技术文件。

（5）隐蔽工程的技术记录。

（6）电缆线路的原始记录。

1）电缆的型号规格及其实际敷设总长度，电缆终端、接头的型式及安装日期。

2）电缆终端盒接头中填充绝缘的记录（名称、型号等）。

（7）试验报告。

▶ 第三节　配　电　设　备

一、配电变压器

（一）配电变压器容量的选择

配电变压器是电力系统中的最后一级变压器，在电力网中的用量非常大，其容量大概是电网中装机容量的 4～7 倍，因此合理选择配电变压器的容量，使变压器处于经济运行状态，对节能降耗，提高经济效益意义重大。

选择配电变压器的容量是一个多种因素的技术经济问题，需要考虑变压器的负荷状态、负荷性质、年损耗小时数、变压器价格、地区电价、负荷增长情况、变压器过载能力等。对于用户来说，既希望变压器的容量不要选得过大，以免增加初投资；又希望变压器的运行效率高，电能损耗小，以节约运行费用。这是一对矛盾的两个对立面。

在实际生产中，多数采用近似估算的方法选择变压器容量，通常选择计算负荷相对于变压器，负载率在 65% 左右，不易低于 50%，也不宜过高。但这种做法对不同负荷适用性不强，造成损耗较大，不利于节能。

（二）配电变压器安装

1. 安装原则

（1）小容量，多布点，短半径，尽量靠近负荷中心；

（2）高低压进出线方便，避开易燃易爆、易被雨水冲刷地带；

（3）施工、运行和维护方便；

（4）变压器高低侧要装设熔断器或开关，为变压器提供保护；

（5）变压器外壳、避雷器、低压中性点需接地。

2. 安装方式

（1）柱上安装。将变压器安装在线路电杆组成的台架上，可分为单杆变压器台和双杆变压器台。这种方式施工安装、运行维护简单，在配电网中最常见。变压器容量一般控制在 400kVA 以下。

1）30kVA 及以下变压器易采用单杆式变压器台，变压器台高度离地 2.5～3m。

2）315kVA 及以下，30kVA 以上变压器宜采用双杆变压器台，变压器台离地高度 2.5～3m，两杆距离 2～3m，组成 H 型变压器台。

（2）落地安装。将变压器安装在用砖或石块砌成的地台上，地台安装造价低，操作方便，但易造成牲畜、儿童触电，不常采用。当采用时应设围栏。

（3）室内安装。将变压器安装在专用的配电室内，采用电缆进出线；当受市容、地形、周围污秽腐蚀严重等环境因素限制或容量超过 400kVA 的变压器易采用室内安装。

3. 杆上变压器安装注意事项

（1）安装前外观检查内容：

1）套管完整，无损坏裂缝现象。

2）油位正常，油质良好，油色正常。

3）外壳无缺陷，外表清洁，密封良好，无渗漏油和油漆脱落现象。

4）分接头调整灵活，接触良好。

5）干燥剂合格，不变色。

6）压力释放阀正常，处于工作状态。

7）铭牌位置合理，醒目。

（2）变压器安装应符合的规定：安装牢固，水平倾斜不应大于台架根开的 1/100；一、二次引线应排列整齐、绑扎牢固；变压器安装后，套管表面应光洁、不应有裂纹、破损等现象、油枕油位正常、外壳干净；变压器外壳应可靠接地、接地电阻应符合规定。

（3）附件的安装。各部分零件完整、安装牢固，转轴光滑灵活。铸件不应有裂纹、砂眼。绝缘子良好。熔丝管不应有吸潮、膨胀或弯曲压偏、伤痕等现象。熔断器安装牢固、排列整齐、高低一致、熔管轴线与地面的垂线夹角为 15°～30°，动作灵活可靠、接触紧密，上下引线应压紧、与线路导线的连接紧密可靠。低压刀开关、隔离开关安装牢固、接触紧密。机构操作灵活、正确。二次侧有断路设备时，熔断器应安装于断路设备与低压针式绝缘子之间；二次侧无断路设备时，熔断器应安装于低压针式绝缘子外侧。

4. 其他注意事项

(1) 变压器在安装前的存放期不能太长，要严格防止器身受潮。

(2) 为了检查运输过程中器身有无损坏，一般应进行吊心检查。

(3) 油箱接地螺栓应良好接地。

(4) 注油前要检查油质，用合格油冲洗。

(5) 在进行器身检查或安装时，应注意环境是否适宜。一般周围气温不宜于低于 0℃；器身温度不宜低于周围气温；空气相对湿度不超过 65% 时，器身暴露空气中时间为 16h 以下；不超过 75% 时为 12h 以下；变压器的电压等级越高，允许暴露的时间应越短。

(6) 对地、建筑物、树木等安全距离应达到 2.7m。

(7) 电气连接应接触紧密，不同金属连接应有过渡措施。

(8) 瓷件表面光洁，无裂缝、破损等现象。

二、避雷器

避雷器安装应牢固、排列整齐、高低一致，相间距离不小于 0.2m。绝缘子良好、瓷套与固定抱箍之间应加垫层。引下线应短而直、连接紧密。采用铜芯绝缘线、其截面上引线不小于 16mm²、下引线不小于 25mm²。与电气部分连接不应使避雷器产生外加应力，引下线应可靠接地、接地电阻值应符合规定。

三、柱上开关

柱上开关安装应牢固可靠，水平倾斜不大于托架长度的 1/100。引线的连接处应留有防水弯。引线连接紧密，采用绑扎连接时，长度不大于 150mm。绝缘子良好、外壳干净、不应有渗漏现象。机构操作灵活，分合动作正确可靠、指示清晰，外壳应可靠接地，接地电阻值不得大于 10Ω。与架空导线连接应根据要求使用铜线夹或铜铝过渡线夹。

四、隔离开关

隔离开关安装应牢固。操动机构动作灵活。静触头应与电源侧连接。合闸时动、静触头应接触紧密。分闸时应有不小于 200mm 的空气间隙。与引线的连接应紧密可靠。与架空导线连接应根据要求使用铜线夹或铜铝过渡线夹。绝缘子裙边与带电部位的间隙不应小于 50mm。横担应平正，端部上下（左右）歪斜不应大于 20mm。横担与杆塔连接处的高差不应大于连接距离的 5/1000，横担左右歪斜不应大于总长度的 1/100。横担直立安装时，顶端顺线路歪斜不应大于 10mm。

五、箱式变电站

箱式变电站基础应符合设计规定，平整、坚实、不积水、留有一定通道。箱式变电站应有足够的操作距离，平台周围留有巡视走廊。箱式变电站外壳应可靠接地。箱体无裂痕、凹痕及破损。本体、冷却装置及所有附件应无缺陷，且不渗油。

操动机构动作灵活可靠，位置指示正确。防小动物措施齐全，且符合规范要求。电缆沟布置合理，电缆的最小变曲半径应符合要求：交联聚乙烯绝缘电力电缆，多芯：15D；单芯 20D（D 为直径）。电缆沟内应无杂物，盖板齐全，排水设施符合规范要求。避雷器接地应良好，接地电阻符合规范要求。

六、配电设备的验收

1. 验收项目

（1）采用器材的型号、规格。

（2）设备标志应齐全。

（3）电器设备外观应完整无缺损。

（4）相位正确、接地装置符合规定。

（5）沿线的障碍物、应砍伐的树及树枝等杂物应清除完毕。

2. 验收应提交下列资料和文件

（1）竣工图。

（2）线路设计书、变更设计的证明文件（包括施工内容明细表）。

（3）安装技术记录（包括隐蔽工程记录）。

（4）交叉跨越距离记录及有关协议文件。

（5）调整试验记录。

（6）接地电阻实测记录。

（7）有关的批准文件。

3. 电气设备验收的基本要求

（1）电气设备固定支架、紧固件及防松零件齐全。材质应为热浸镀锌制品。

（2）电杆上电气设备的安装应牢固可靠，电气连接应接触紧密，不同金属连接应有过渡措施，瓷件表面光洁、无裂缝、破损等现象。

（3）杆上变压器和高压绝缘子、高压隔离开关、跌落式熔断器、避雷器等交接试验合格。

（4）杆上变压器及台架的水平倾斜不大于台架根开的 1/100。一、二次引线排列整齐、绑扎牢固。油枕、油位正常，外壳干净，呼吸孔道畅通。套管压线螺栓等部件齐全，接地可靠，接地电阻值符合规定。

（5）变压器高、低压接线端子应安装带相色的绝缘护套。

（6）变压器中性点应与接地装置引出干线直接连接，接地装置的接地电阻值必须符合设计要求。

（7）变压器油位正常、附件齐全、无渗油现象、外壳涂层完整。

（8）变压器试验项目如下：

1）测量绕组连同套管的直流电阻。

2）检查所有分接头的变压比。

3）检查变压器的三相接线组别。

4）测量绕组连同套管的绝缘电阻、吸收比或极化指数。

5）绕组连同套管的交流耐压试验。

6）测量与铁芯绝缘的各紧固件及铁芯接地线引出套管对外壳的绝缘电阻。

7）非纯瓷套管的试验。

8）绝缘油试验。

9）有载调压切换装置的检查和试验。

10）检查相位。

（9）跌落式熔断器安装牢固、排列整齐、熔管轴线与地面的垂线夹角为15°～30°，熔断器水平相间距离不小于500mm。瓷件良好，熔丝管不应有吸潮膨胀或弯曲现象。各部分零件完整。转轴光滑灵活，铸件不应有裂纹、砂眼、锈蚀。上、下引线压紧，与线路导线的连接紧密可靠。操作时灵活可靠、接触紧密。合熔丝管时上触头应有一定的压缩行程。

（10）杆上断路器和负荷开关安装水平倾斜不大于托架长度的1/100。引线连接紧密，当采用绑扎连接时，长度不小于150mm。外壳干净不应有漏油现象，气压不低于规定值。外壳接地可靠，接地电阻值符合规定。操作灵活，分、合位置指示正确可靠。

（11）杆上隔离开关水平安装隔离刀刃，分闸时宜使静触头带电。三相连动隔离开关的三相隔离刀刃应分、合同期。隔离刀刃合闸时接触紧密，分闸后应有不小于200mm的空气间隙。瓷件良好。操动机构动作灵活。刀刃与引线的连接紧密可靠。

（12）隔离开关、负荷开关及高压熔断器的试验项目：

1）测量绝缘电阻。

2）测量高压限流熔丝管熔丝的直流电阻。

3）跌落式熔断器安装相间距离不小于500mm，熔管操动能自然打开旋下。

4）测量负荷开关导电回路的电阻。

（13）杆上隔离开关分、合操动灵活，操动机构机械锁定可靠，分合时三相同期性好；分闸后，刀片与静触头间空气间隙距离不小于200mm。操动机构线圈的最低动作电压合格。地面操作杆的接地（PE）可靠，且有标识。

（14）杆上避雷器安装排列整齐、高低一致，1～10kV相间距离不小于350mm，1kV以下不小于150mm。瓷套与固定抱箍之间加垫层。引线短而直、连接紧密。当采用绝缘线时引上线截面，铜线不小于16mm²、铝线不小于25mm²；引下线铜线不小于25mm²；铝线不小于35mm²。与电气部分连接时，不应使避雷器产生外加应力。引下线接地可靠，接地电阻值符合规定。

（15）避雷器试验项目如下：

1）测量绝缘电阻。

2）测量电导或泄漏电流，并检查组合元件的非线性系数。

3）测量金属氧化物避雷器的持续电流。

4）测量金属氧化物避雷器的工频参考电压或直流参考电压。

5）测量FS型阀型避雷器的工频放电电压。

6）检查放电计数器动作情况及避雷器基座绝缘。

（16）低压配电箱的电气装置和馈电线路交接试验

1）每路配电开关及保护装置的规格、型号，应符合设计要求。

2）相间和相对地间的绝缘电阻值应大于0.5MΩ。

3）电气装置的交流工频耐压试验电压为1kV，当绝缘电阻值大于10MΩ时，可采用2500V绝缘电阻表遥测替代，试验持续时间1min，无击穿闪络现象。

（17）低压熔断器和开关安装应使各部分接触紧密，便于操作。

（18）低压保险丝（片）安装无折弯、压偏、伤痕等现象；严禁用线材代替保险丝（片）。

? 复 习 思 考 题

1. 什么情况下宜选择架空绝缘配电线路？
2. 架空绝缘配电线路路径和杆位选择有什么要求？
3. 导线之间及与其他配电设备的连接有什么要求？
4. 配电设备施工安装时有什么基本要求？
5. 如何选择电缆敷设方式？
6. 哪些处所不宜选为电缆路径？
7. 哪些范围适用直埋敷设？
8. 电缆沟敷设的技术要求是什么？
9. 电缆展拉引的方法是什么？
10. 热缩型交联聚乙烯绝缘电缆终端安装程序是什么？

第三章

配电线路的运行管理

配电线路作为电网的重要环节，由于条数多、地域广、变化快、结构复杂，受自然环境与人为因素影响造成配电线路发生故障的几率较多。为了实现配电线路安全、可靠、优质、经济运行，需通过科学管理提高配电线路的运行水平。主要内容包括运行工作岗位职责、运行值班制度、运行维护管理、设备缺陷管理、设备验收管理、技术档案管理、运行分析、技术培训、安全管理。

▶ 第一节 运 行 管 理

一、岗位职责

各供电分公司、子公司生产技术部门配电工程师负责本供电公司配电专业的运行和技术管理工作，应严格按照公司生产技术部和相关职能管理部门的要求，做好公司生产技术政策在本单位范围内的落实和执行工作。

各供电公司配电工区（班组）是设备的主人，应按照上级相关部门的要求做好设备的运行管理工作。

二、配电网调度值班

1. 值班制度

（1）运行人员须按有关规定进行培训、学习，经考试合格以后方可上岗值班。新员工必须在一年内取得上岗资格。

（2）值班期间，应穿统一的值班工作服并佩带值班岗位标志。

（3）值班人员在当值期间，不应进行与工作无关的其他活动。

（4）值班人员在当值期间，要服从指挥，尽职尽责，完成当班的运行、维护、倒闸操作和管理工作。值班期间进行的各项工作，都要填写到相关记录中。

（5）依照值班表进行轮流值班，不得任意改变，遇有特殊情况，须经班长批准方可倒班或替班。

（6）按照各站规定的交接班时间进行交接班。若接班人员因故未到，交班人员不得离开岗位，并及时报告班长（晚来接班的人员亦应履行交接班手续）。

（7）交接班工作必须做到交接两清。交班人员应做到详细介绍，接班人员应认真听取。

（8）实现配电自动化采集的基地站，控制室应有人值班。

2. 交接班制度

（1）各单位应根据实际情况，制订交接班规范化流程指导书。

（2）值班人员应按交接班规范化流程指导书进行交接班。未办完交接手续之前，不得擅离职守。

（3）在处理事故或倒闸操作时，不得进行交接班；交接班时发生事故，应停止交接班，由交班人员处理，接班人员在交班值长指挥下协助工作。

（4）交接班的主要内容：

1）运行方式及负荷情况。

2）当班所进行的操作情况及未完的操作任务。

3）工作票的审核及执行情况。

4）使用中的接地线号数及装设地点。

5）发现的缺陷和异常运行情况。

6）继电保护、自动装置动作和投退变更情况。

7）直流系统运行情况、维护工作情况。

8）巡视情况、事故异常处理情况及有关事宜。

9）上级命令、指示内容和执行情况。

10）设备检修试验情况。

11）维护工作情况。

12）新站验收工作情况、电源变更情况。

13）政治保电情况。

14）环境卫生、通信设备情况及其他情况。

（5）交班值长组织交班人员按交班内容向接班人员交待情况，接班人员在交班人员陪同下进行重点检查。运行日志的签名栏，应由交接班人员亲自签名。

（6）接班人员重点检查的内容：

1）查阅上次下班到本次接班的运行日志及有关记录，核对运行方式变化情况。

2）核对模拟图，实现配电自动化采集的基地站应核对配电自动化系统图形的改变情况。

3）检查设备缺陷记录，了解缺陷及异常情况。

4）了解设备的检修试验情况和安全措施布置情况。

5）接班人员将检查结果相互汇报，认为可以接班时，方可签名接班。

6）接班后，根据天气、运行方式、工作情况、设备情况等安排本班工作做好事故预想。

三、运行维护管理

线路运行维护工作必须严格遵守国家电网安监〔2009〕664号《国家电网公司电力安全工作规程（线路部分）》，SD 292—1988《架空配电线路及设备运行规程》的规定，坚持"安全第一、预防为主、综合治理"的工作方针，认真搞好线路的运行维护工作。做好巡视、检修及反事故措施的实施工作。结合本单位实际情况制订相应现场运行规程。

运行单位必须建立健全岗位责任制，其所属（包括代管）的每条线路都应有专人负责运行维护。每条线路必须明确其所属的线路运行单位，并明确划分运行维护界限。一条线路属两个及以上线路运行单位维护时，应有明确的运行界点，不得出现空白。

对于重污区、多雷区、洪水冲刷区、不良地质区等特殊区段和大跨越的线路，应根据沿线地形地貌和气候变化等具体情况及时加强巡视和检修，并做好预防事故的准备工作。

四、设备缺陷管理

对于在线路运行维护工作中发现的设备缺陷，必须认真做好记录，录入生产管理系统及时分析汇报，并根据设备缺陷的严重程度进行分类和提出相应的处理意见。

1. 线路设备缺陷分类

按照线路设备缺陷危害程度，可分为一般缺陷、严重缺陷、危急缺陷三类。

（1）一般缺陷。指设备状况不符合规定标准和施工工艺要求，但近期内不影响安全运行，可在周期性检查中予以解决的缺陷。如杆塔金具一般锈蚀、个别螺栓松动横担倾斜、三相导线弧垂不平衡度超过标准要求等，可列入年、季、月检修计划或日常维护工作中消除。

（2）严重缺陷。指设备有明显损坏、变形、过热、放电，发展下去可能造成故障，必须列入近期检修计划予以消除的缺陷。如杆塔倾斜不大于1‰，基础冲刷造成回填土不足，山坡、河边和鱼塘边基础因被冲刷造成暴露，预应力混凝土电杆因外力造成横向、纵向裂缝，导线同一处受损伤但强度损失不超过总拉断力的5％又不超过总导电部分截面积的7％等。应在短期内消除，一般不超过一周，消除前加强巡视。

（3）危急缺陷。指设备缺陷直接影响安全运行，随时可能导致发生事故，必须迅速处理。如杆塔基础回填土受到冲刷造成严重不足等。应立即上报并尽快消除，一般不超过24h。

2. 缺陷管理细则

（1）制订缺陷标准。各配电线路运行单位应根据自己的具体情况，如地理位置、自然条件、设备的质量等情况，针对配电线路几个大的部分，如基础及杆塔、导地线、绝缘子、金具及拉线、防雷接地装置等，制订出每一部分的一般缺陷、严重缺陷、危急缺陷的标准，标准应尽可能详细，能定量的应有数字标准，不能定量的在定性上要叙述详细明了，便于巡线人员现场判断。设备缺陷标准和设备评级标准是从两个相对立的侧面制订的标准，设备缺陷标准是从坏的方面即对设备损坏的严重程度进行分类的标准；设备评级标准是从好的方面即对设备完好情况进行排队，因此设备评级标准中三类设备标准同一般缺陷标准大致一样。

（2）缺陷信息传递、反馈、消除、验收等组织管理细则。

（3）巡线员一经查到一般缺陷，若工作量不大、情况允许，尽可能立即消除。重大缺陷一经发现，巡线班（运行班）应当天向工区汇报，工区应立即组织线路运行技术人员等到现场鉴定，确认是严重缺陷的，工区应向主管部门（生产技术部门）、配电线路专责汇报。若发现危急缺陷，工区接到巡线班汇报后应第一时间向生产技术部门及主管运行总工程师汇报，由生产技术部门组织安全监察部门、工区等部门专业技术人员在总工程师主持下进行鉴定。确认是紧急缺陷的应现场确定处理方案或采取临时安全措施，工区应立即实施。

巡线员在巡线中一经发现缺陷，应将缺陷详细和现场环境情况登记在巡线手册上。重大和紧急缺陷要立即向班长汇报。一条线（或分管线段）巡视完毕后巡线班（运行班）把该线路发现的缺陷逐条登记到缺陷记录本上。巡线班长将审查后的缺陷逐条填写在缺陷传递单上，一式两份，一份自存，一份报送工区领导或线路专责。工区线路专责根据缺陷类别及情况，将其分为两类，一类由巡线班组下次巡线时进行消除，缺陷传递单签署意见退回巡线班；另一类列入维护、检修工作计划，签署意见后，转给检修班长。检修班长也要将缺陷进行登记，并根据要求，按缺陷危急程度进行安排处理。处理后将处理情况写在缺陷传递单上及缺陷明细单上进行注销。将处理后的传递单经专责审阅后交回巡线班，巡线班长按巡线员的分工递交给巡线员。巡线员下次巡线时对照检查验收处理是否合格。确认合格后巡线员签字，并交还班长，班长在缺陷明细上注销该缺陷。若巡线员对照检查验收不合格，也应签署具体情况并交还班长，班长审查后签上意见交回工区专责，并参照重复执行上述程序，直至缺陷消除。缺陷传递单保存时间长短可由各单位根据情况自定。

五、设备定级

(1) 设备定级的目的。掌握和分析设备运行状况，树立设备建设改造标准化样板，加强设备订货、施工验收及运行管理，通过评级分析，有针对性地提出线路升级方案或下一年度大修改进计划，提高设备运行安全。

(2) 设备定级原则。根据设备的制造质量、安装施工工艺、运行维护管理水平，抵御自然外力灾害的防护能力，结合线路设备掉闸情况评定运行安全可靠性，实行动态定级。

(3) 设备定级分类。设备定级的级别分为一、二、三级，一、二级为完好设备，三级为不良设备。设备的完好率指完好设备占总设备的百分数。

(4) 设备定级管理。设备定级工作由生产单位有关人员进行，每年进行一次，6月底前完成。设备定级报表见表 3-1。

表 3-1　　　　　　　　10kV 架空配电线路或柱上配电变压器台定级表

项　目	10kV 架空配电线路或柱上配电变压器台				
单　位	合计条或台	一级条或台	二级条或台	三级条或台	完好率(%)

1. 10kV 架空配电线路定级标准

(1) 一级线路标准。

1) 必备条件。

a. 正常方式运行负载率不超过 70%，线路分段、联络适当，每段高压用户、柱上变压器不多于 15 个，能承接其他线路转移的部分负荷。

b. 市区和个别郊区线路实现绝缘化，具有优良防护能力，运行安全可靠。

c. 线路无危害严重缺陷。

d. 各项季节性运行工作实施到位，未发生污闪事故，无威胁线路安全运行的树木，对威胁线路安全的施工采取了措施。

e. 线路电压损失不大于 7%。

f. 线路分段、分支线及用户处故障指示器安装配置基本到位。

g. 运行技术资料齐全。

2) 评定条件。符合以下条件可定为一级设备，一级设备占 80% 及以上方可评为一级线路（评定一级元件占全部评定元件比率）。10kV 架空配电线路定级评分表见表 3-2。

a. 杆塔及基础。

(a) 杆塔排列整齐，电杆埋深合格，基础牢固。

(b) 钢筋混凝土电杆无裂缝，钢圈接头无开裂且锈蚀轻微。钢杆（铁塔）构件无弯曲且锈蚀轻微。

(c) 电杆搭挂弱电通信线不超过 4 束，无承力过载，通信线与导线距离、通信线跨越道路距离符合要求。

表 3-2   **10kV 架空配电线路定级评分表**

序号	评价项目	全部评定元件(个)	评定一级元件(个)	评定比率(%)
1	杆塔及基础			
2	导线			
3	横担及金具			
4	绝缘子			
5	拉线			
6	柱上开关、隔离开关			
7	防雷与接地装置			
8	其他			
合计				

（d）电杆位置适宜，冲刷地区有防洪围桩，易被车撞的电杆有护桩及黄黑相间防护标志。

（e）电杆有电压等级、线路名称、杆号等标志，临近线路电杆有区别色标。

（f）电杆上无废弃未拆除设备器材，无危及运行安全的鸟巢。

b. 导线。

（a）导线弧垂、交叉跨越符合规定。

（b）大档距导线有防震措施。

（c）接头连接（含铜铝导线）采用楔型线夹，或液压线夹，无过热变色现象，绝缘导线断线临时处理接头及正式处理必须绝缘包封。

（d）绝缘导线外皮无磨损、龟裂，除预留挂接接地线环外，设备及导线接头绝缘封闭。

（e）树枝对线路导线及设备距离符合规定。

（f）弓子线不承力，弓子线对临相及对地距离符合规定。

c. 横担及金具。

（a）铁横担（铁帽子）无歪斜、弯曲、开裂，且锈蚀轻微。

（b）金具无变形，螺栓螺母齐全、紧固。

d. 绝缘子。

（a）绝缘子无硬伤、裂纹、脏污、闪络。

（b）绝缘子绝缘等级符合相应污秽地区运行要求。

（c）针式绝缘子无歪斜绑线良好。

e. 拉线。

（a）拉线无松弛、断股，锈蚀轻微，尾线无松散。

（b）拉线棒埋深合格，无弯曲，拉线抱箍无变形，螺母紧固。

（c）拉线棒、拉线盘周围土壤无沉陷、不缺土。

（d）拉线棒无偏斜、无损坏。

（e）水平拉线对地距离符合要求。

（f）易被车或行人碰撞的拉线安装有反光防护管。

（g）穿越导线采用绝缘拉线或拉线绝缘子，绝缘子无损伤。

f. 柱上开关、隔离开关。

(a) 开关箱体无锈蚀，金具无变形、锈蚀轻微。

(b) 瓷套管无硬伤、裂纹、闪络。

(c) 引线与导线连接无过热现象，引线绝缘无龟裂，引线相间及对地的距离合格。

(d) 隔离开关为 15kV 绝缘等级。

(e) 开关外壳接地良好。

(f) 开关、隔离开关调度编号齐全清晰。

g. 防雷与接地装置。

(a) 避雷器外护套无裂脏污、闪络。

(b) 避雷器安装牢固。

(c) 无线路防雷空白点。

(d) 接地引下线无断股、损伤、丢失。

(e) 接头完好，接地线夹螺栓无松动、锈蚀轻微。

(f) 接地棒无外露及锈蚀。

h. 其他。

(a) 跨越居民区、重要公路区段设立安全距离警告标志。

(b) 无影响安全运行的建筑物、易燃易爆物品及有害设施，或采取了必要的预防措施。

(2) 二级线路标准。

1) 必备条件。

a. 正常运行方式负载率不超过 80%，线路分段适宜。

b. 线路设备存在一定老旧且施工工艺落后等状况，但是具有抵御一般自然气候灾害的防护能力。

c. 线路无危急严重缺陷。

d. 季节性运行维护工作到位，无威胁线路安全运行的树木，对威胁线路安全的施工采取了措施。

e. 运行技术资料基本齐全。

2) 评定条件。

a. 一般设备在 80% 以下。

b. 线路运行年限较长。虽然道路改造、地基变化使电杆排列欠整齐，钢筋混凝土电杆表面轻微风化，钢杆（铁塔）、横担、开关设备表面及接地装置出现轻微锈蚀，导线接头连接工艺落后，但是运行状况基本良好。

(3) 三级线路标准。三级线路系指技术性能达不到一、二级线路标准要求的线路，存在主要问题为：

1) 线路过载或满载。

2) 清扫检查超过规定周期，年久失修，线路安全运行无保障。

3) 线路主要设备存在严重缺陷或存在较多一般缺陷，如：

a. 电杆露筋、明显倾斜。

b. 钢杆（铁塔）、横担、开关设备表面及接地装置严重锈蚀。

c. 钢杆（铁塔）、横担严重变形。

d. 拉线松弛。

e. 搭挂弱电通信线杂乱、影响等杆作业、对地距离不符合规程要求等。

4）沿线路环境较复杂，并无有效防护措施，树线矛盾无法解决。

5）技术资料不全有可能影响安全运行。

2. 配电变压器台定级标准

（1）一级配电变压器台标准。

1）必备条件。

a. 变压器负载率不超过 90%。

b. 变压器台引线（含中性线）容量配置合格，变压器高压套管绝缘护罩封闭。

c. 变压器台及跌落式熔断器架距地面符合规定。

d. 无危急严重缺陷。

e. 配置的无功补偿装置投入运行，低压断路器剩余电流保护装置投入运行。

f. 小修、电流测定等季节性运行工作实施到位，无威胁线路安全运行的树木，对威胁变压器台安全的施工采取了措施。

g. 运行技术资料齐全，变压器台安全经济运行。

2）评定条件。符合以下条件可定为一级设备，一级设备占 80% 及以上方可评为一级变压器台，配电变压器台定级评分表见表 3-3。

表 3-3　　　　　　　　　　　　　配电变压器台定级评分表

序号	评价项目	全部评定元件（个）	评定一级元件（个）	评定比率（%）
1				
2				
合计				

a. 配电变压器。

（a）器身清洁，油位、油色正常，呼吸器中干燥剂未变色。

（b）声音正常。

（c）高低压套管清洁，无硬伤、裂纹、闪络。

（d）外壳接地，接地线完好。

b. 变压器台。

（a）接头接点无过热、无烧损，无功补偿引线无破损。

（b）跌落式熔断器、隔离开关、避雷器、针式绝缘子完好，无淘汰跌落式熔断器、避雷器。

（c）高低压熔丝（片）合格。

（d）变压器台绝缘引线无龟裂、破损，引线之间及对地距离符合规定。

（e）变压器套管绝缘护罩、杆号牌、警告牌齐全完好。

（f）变压器台无倾斜、下沉。

（g）低压配接箱、低压无功补偿箱箱体无倾斜、腐蚀轻微，箱体可靠接地。

（h）低压断路器、低压无功补偿装置运行良好。

（i）低压配接箱、低压无功补偿箱箱门、计量及电能表及视窗完好。

（2）二级配电变压器台标准。

1）必备条件。

a. 变压器负载率不超过 100%。

b. 变压器台引线容量配置合格，变压器高压套管绝缘护罩封闭。

c. 变压器台及跌落式熔断器架距地面符合规定。

d. 无危急、严重缺陷。

e. 小修、电流测定等季节性运行工作实施到位，无威胁线路安全运行的树木，对威胁变压器台安全的施工采取了措施。

f. 运行技术资料基本齐全，运行安全可靠。

2）评定条件。

a. 一级设备在 80% 以下。

b. 变压器运行年限较长。虽然变压器表面及接地装置出现轻微锈蚀，地基变化使台架排列不整齐，导线接头连接工艺落后，但是运行状况基本良好。

（3）三级配电变压器台标准。三级配电变压器台系指技术性能达不到一、二级标准要求的配电变压器台，存在主要问题如下：

1）变压器过载。

2）小修超过规定周期，年久失修，变压器台安全运行无保障。

3）变压器及主要设备存在严重缺陷或存在较多一般缺陷，如：

a. 变压器漏油严重。

b. 变压器台引线容量配置不合格。

c. 变压器高压套管无绝缘护罩。

d. 变压器、低压配接箱、低压无功补偿箱表面及接地装置严重锈蚀。

e. 槽钢横担严重变形。

f. 拉线松弛。

g. 搭挂弱电通信线杂乱。

h. 变压器台及跌落式熔断器架对地距离不符合规程要求等。

4）变压器台树线矛盾不易解决。

5）技术资料不全有可能影响安全运行。

六、技术资料的管理

配电线路的安全、经济运行，必须以规程、规范、条例、设计文本等为依据。为做好运行分析，提出防范措施、反事故措施等，必须积累详细的记录资料和数据。因此技术档案和技术资料是进行生产建设和科学研究的必要条件，也是不断提高运行管理水平的基础。

（1）运行单位应按照其运行管理范围，建立配电线路设备技术档案。档案形式可结合本单位的实际情况进行设计，并逐渐实现微机存档和管理。

（2）配电线路新设备投运或旧设备更新后，运行单位应及时建立或更新技术档案，保证资料与现场相符。

（3）运行管理常用的工作记录明细。

1）线路缺陷记录。

2）线路检修记录。

3）接地电阻测量记录。

4）交叉跨越测量记录。

5）事故障碍及异常运行记录。

6）线路预防性检查试验周期表。

7）绝缘子测量分析统计表。

8）线路污秽地段记录。

9）防洪设施记录。

10）配电线路与树木记录。

11）配电线路与建筑物记录。

12）温度测试记录。

13）高压配电线路负荷记录。

14）配电线路、设备变动（更正）通知单。

15）配电线路巡视记录。

16）配电变压器技术档案。

17）绝缘工器具试验记录。

18）断路器、负荷开关、隔离开关技术档案。

19）工作日志。

20）配电线路平面图。

21）低压台区图（包括电流、电压测量记录）。

22）接地装置电阻测量记录。

23）配电线路联络图。

七、运行分析与故障统计

1. 总体要求

各供电分公司生产技术部门每季度至少召开一次运行分析会。配电工区（班组）应每月至少组织一次运行分析会，对当季（月）运行状况进行分析，找出存在的主要问题，提出改进措施。

2. 运行分析的主要内容

（1）运行检修工作完成情况。

（2）设备缺陷统计。

（3）事故及障碍统计。

（4）存在的主要问题和改进措施。

根据分析情况形成书面报告。总结经验，找出存在的问题，提出改进意见，推动各项管理制度不断完善。对普遍性的问题，应进行专题分析。

3. 工作总结

工作总结是配电管理工作的重要组成部分，各供电公司应予以高度重视。配电专业总结工作的关键在于做好生产综合情况（包括设备台账、定级、故障、检修工作等）和配电设备运行状况（包括接地、短路故障等）以及主要工作（大修、改造、消缺等）完成情况的统计、汇总和分析。要做到统计、汇总和上报数据的完整、准确、及时、无误、规范。要求上报的各种报表要有审核人、主管领导签字和单位盖章。工作总结分季度和年度总结。生产技术管理部门应做好半年及年度工作总结。运行工区（班组）应做好季度及年度工作总结，要认真研究、解决工作总结中提出的问题，确保电网的安全稳定运行。

八、运行人员技术培训

1. 一般规定

（1）坚持学习和定期培训制度，是配电线路管理的重点工作之一，是保证配电设备安全运行的基础。各生产单位应结合实际，坚持不懈地做好运行、检修人员的培训工作。

（2）各运行维护单位的所有运行、检修人员，必须经过上岗培训、考试和审批手续，方可正式上岗参加作业。因工作调动或其他原因离岗三个月以上者，必须重新履行以上程序。

（3）各基层单位，均应根据上级规定的培训制度和本单位年度培训计划，按期完成培训任务。

2. 培训标准

（1）熟练掌握配电运行工作内容。

（2）掌握有关规程、制度。

（3）具备事故分析、判断和处理能力。能够正确进行事故处理。

（4）掌握各种基本的生产技术管理知识。

3. 培训制度

（1）根据本单位的实际情况，可安排学习相关规程。

（2）每年进行一次安全规程和运行规程考试。

（3）每季末进行一次有关规程方面的考试。

（4）定期进行一次反事故演习。

4. 新人员培训

（1）新人员进公司应进行上岗培训。

（2）经考试合格后，方可进行巡视和检修等工作。

（3）考核办法。

1）学习期间定期进行测验，检查学习效果。

2）分阶段进行全面考试，检验学习成绩。

3）学习成绩优秀者，可提前参加上岗考试，经审批后正式担任值班员或检修工（转正、定级时仍应重新考核，履行转正手续）。

5. 培训资料管理

培训工作要不断总结经验，提高培训和被培训人员的技术业务素质和运行管理水平。

（1）各项培训工作均应及时做好培训记录。

（2）全部培训记录和考核成绩，均应存入个人培训档案。

九、配电线路的安全管理

安全生产是一项综合性工作，必须实行全员、全方位、全过程的管理。

1. 落实安全生产责任制

在配电管理单位内部形成主任与班组长、班组长与班员自上而下、自下而上的各级管理网络。安全责任包括配电主任的安全责任制、班长的安全责任制、安全员的安全责任制、班员安全责任制。

2. 开展安全活动

配电工区及班（组）应开展经常性、多样化的安全学习、宣传教育和岗位练兵活动，使职工熟练地掌握本岗位的安全操作技术及安全作业标准，不断提高职工的安全意识和自我保护能力。

安全活动包括安全日活动，安全生产的自查、互查和抽查，安全分析，安全例会，定期反事故演习，班前会和班后会，事故调查活动，安全培训。

▶ 第二节　配电线路的日常管理

一、配电线路的巡视

配电线路的运行工作主要采取遥视、遥测、巡视和现场检查的方法。通过巡视与检查，掌握线路运行状况及周围环境的变化，以便及时消除缺陷，预防事故发生，并确定线路检修内容。

1. 巡视工作的分类

（1）定期巡视。定期巡视根据设备情况确定巡视周期，目的在于经常掌握线路各部件运行状况及沿线情况，并做好群众护线工作，在发生事故时能较正确地判断事故地点及原因，以便及早处理。定期巡视应有线路专责人负责或由有经验的线路工担任。

（2）特殊巡视。特殊巡视指在气候变化（大雾、大风、雨雪）、自然灾害（地震、山洪、火灾）、外力影响（施工取土、开发建设、违章建房）、异常运行和其他特殊情况时，对全线、某线段或某部件进行巡视，及时发现线路的异常现象及部件的变形损坏情况。

对重要用户线路进行专门巡视，确保其在某一期间供电可靠性。一般是在某一政治任务、节日或主要外事活动等需要时进行。

（3）夜间巡视。通常是在线路高峰负荷或雨雪天气时进行夜间巡视。主要为了检查导线连接设备的发热、绝缘子污秽放电或其他局部放电情况。目的在于及时发现薄弱环节和故障点，消除隐患，避免事故。

（4）故障巡视。故障巡视是为了查明线路发生故障接地、跳闸的原因，找出故障点并查明故障情况。故障巡视应在发生故障后及时进行。故障巡视中，巡线员应将所分担的巡线区段全部巡视完毕，不得中断或遗漏，对所发现可能造成故障的所有物件应搜集带回。对故障现场情况做好详细记录，作为事故分析的依据和参考。

（5）监察性巡视。监察性巡视由部门领导或线路技术人员进行。目的是了解线路及设备状况，便于及时检修和了解情况。提出技术革新，及时指导巡线员的工作和巡线质量。

2. 巡视工作的注意事项

（1）单人巡线时，禁止攀登杆塔。

（2）夜间巡线应沿线路外侧进行。

（3）大风巡线应沿线路上风侧进行，以免触及断落的导线。

（4）事故巡线时应始终认为线路带电，即使明知该线路已停电，也应认为线路随时有恢复送电的可能。

（5）巡线人员发现导线断落地面或悬在空中时，应设法防止行人靠近断线地点 8m 以内，并迅速报告领导和调度等候处理。

（6）线路巡视应由线路运行专责人或具有丰富巡线经验的人员担任，一般应由两人进行，若单人巡视则单独巡线人员应经考试合格，并经主管领导批准。

（7）对于偏远山区和暑天、雷雨天、刮大风，夜间巡视应由两人进行。

（8）雷雨天应尽量避免巡线，确需巡线时，巡线人员应穿绝缘鞋。

（9）巡线过程中应随时注意脚下道路，避免踩空、绊倒摔伤；还应注意水草地和草丛，防止动物咬伤。

（10）巡线人员巡视过程中应配置相关工具，如常用电工工具、望远镜、手电筒、测温仪器、通讯工具等。暑天、田野空旷处巡线应配备必要的防护工具和药品；夜间巡线应携带足够的照明工具。

（11）进山巡视宜穿醒目服装。

3. 配电线路周边环境巡视的内容

（1）配电线路周边有无易燃、易爆物品和腐蚀性液体、气体。

（2）导线对地、道路、公路、铁路、管道、河流、建筑物等距离是否符合规定，有无可能触及导线的铁烟囱、天线等。

（3）周围有无被风刮起危及线路安全的金属薄膜、树枝、铁丝、杂物等。

（4）有无危及线路安全的工程设施（机械、脚手架）。

（5）查明线路附近的爆破工程有无爆破申请手续，安全措施是否妥当。

（6）查明防护区的植物种植情况及导线与树间距离是否符合规定。

（7）线路附近有无射击、放风筝、抛扔异物、堆放柴草和在杆塔、拉线上拴牲畜等情况。

（8）查明沿线污秽情况。

（9）查明沿线山洪、塌方和泥石流等异常。

（10）有无违反《电力设施保护条例》的建筑，如发现线路防护区内有建房迹象，应设法制止。

4. 配电线路的巡视

（1）有无断股、损伤、烧伤痕迹。在化工等地区的导线有无腐蚀。

（2）三相弧垂是否平衡，有无过紧、过松现象。导线对被跨越物的垂直距离是否符合规定，导线对建筑物等的水平距离是否满足要求。

（3）接头是否良好，有无过热现象。连接线夹弹簧是否齐全，螺母是否紧固。

（4）过（跳）引线有无损伤、断股、歪扭，与杆塔、构件及其引线间距离是否符合规定。

（5）导线上有无抛扔物。

（6）绝缘导线外层有无磨损、变形、龟裂。

5. 杆塔及部件巡视

（1）杆塔本身及各部件有无歪斜变形。

（2）杆塔基础有无开裂、损伤或下沉。

（3）杆塔部件的固定是否牢固，是否出现绑线折断和导线松弛情况。

（4）水泥杆有无裂纹、剥落和钢筋外露情况，铁塔有无生锈、裂纹和变形。

（5）杆塔上是否有鸟巢及其他异物。

（6）杆塔周围的杂草是否过高，在杆塔上是否有蔓藤类植物附生。

6. 横担、金具及绝缘子巡视

（1）横担有无锈蚀、歪斜、变形。

（2）金具有无锈蚀、变形；螺栓是否紧固，有无缺帽；开口销有无锈蚀、断裂、脱落。

（3）绝缘子瓷件有无碎裂、脏污、闪络、烧伤等痕迹。

（4）绝缘子有无歪斜，杆顶帽有无锈蚀、松动、弯曲。

（5）绝缘子的绑线有无松弛或开断。

（6）悬式绝缘子弹簧销子、开口销子是否正常。

7. 防雷设备和接地装置巡视

（1）避雷器固定是否牢固，硅橡胶体有无裂纹、损伤、烧伤痕迹。引线连接是否良好，是否按规定时间投入或退出。

（2）接地引下线有无丢失、断股、损伤。

（3）接头接触是否良好，连接螺栓有无松动、锈蚀。

（4）接地体有无外露、严重锈蚀，在埋设范围内有无土方工程。

8. 拉线巡视

（1）拉线有无锈蚀、断股和松弛等现象；拉线 UT 型线夹或花兰螺栓及螺母有无被盗现象。

1）水平拉线对地距离是否符合要求（对路面中心垂直距离不应小于 6m，在拉线杆处不应小于 4.5m）。

2）拉线绝缘子是否损坏或缺少。

3）拉线是否妨碍交通或被车撞过。

4）拉线棒（下把）包箍等金具有无变形、锈蚀。

（2）拉线固定是否牢固，拉线基础周围土壤有无突起、沉陷、缺土等现象。

（3）顶杆、拉线杆等有无损坏、开裂、腐朽等现象。

二、配电设备的巡视

1. 柱上断路器、熔断器巡视

（1）硅橡胶有无裂纹、闪络、破损或脏污。

（2）熔丝管有无弯曲、变形、烧损。

（3）设备线夹与导电杆接触是否良好，有无过热、烧损、熔化现象。

（4）各部件组装是否良好，有无松动、脱落。

（5）引线接头连接是否良好，与各部件距离是否符合要求。

（6）安装是否牢固，相间距离、倾斜角度是否符合规定。

（7）操动机构是否灵活，有无锈蚀现象。

2. 配电变压器巡视

配电变压器巡视检查是配电变压器管理的一项最基本的工作，可以掌握变压器运行状况，及时发现缺陷，并采取措施消除缺陷，保证变压器安全运行。

配电变压器巡视周期一般为：市区每月一次，郊区及农村每季度一次；配电变压器巡视一般与配电线路巡视同时进行，但在负荷比较重的时候，适当增加夜间巡视，红外测温，以检查接头、绝缘套管是否有异常，并及时了解变压器是否过负荷。

3. 柱上变压器巡视

(1) 有无漏油、渗油现象，油量是否充足合格。

(2) 变压器声音是否正常。

(3) 变压器套管是否清洁，有无裂纹、破损或脏污。

(4) 高、低压引线接线是否牢固，距离是否足够。

(5) 接地装置是否良好，有无锈蚀、开断现象。

4. 电力电缆的巡视

(1) 电缆的运行。

(2) 电缆的维护。

三、电缆线路巡视

1. 巡视周期

(1) 正常巡视。变电站内和敷设在隧道、沟槽、桥架的电缆，至少三个月检查一次，竖井内的电缆至少半年检查一次。

水底电缆每年检查一次。在潜水条件允许的情况下，委派潜水员检查，当不具备潜水条件时，可观察或测量河床、水位的变化，间接了解电缆的路径情况。

对于直埋电缆，根据季节性情况和建设工程的特点，开展线路巡视，必要时增加巡视检查次数。

(2) 特殊巡视。根据季节性特点、运行方式的变化、负荷情况、市政工程建设情况以及重要用户保电等工作开展的针对性的巡视工作。周期视具体工作情况来定。

(3) 故障巡视。当电缆发生接地、短路等故障时，运行人员开展的确定和查找电缆故障的巡视检查工作。

(4) 监查性巡视。技术管理人员定期对电缆及其设备开展的检查性、督导性的巡视检查，提出问题和整改措施，必要时例如年度大修、技改，确保电缆的健康水平。

2. 巡视内容

(1) 对于直埋、沟槽电缆，查看电缆路径上路面是否正常、有无挖掘作业现象；查看电缆标桩是否完整；查看电缆井及井盖是否完整。

(2) 检查在电缆路径范围内是否堆置瓦砾、矿渣、建材、易燃易爆以及腐蚀性物品或漏弃物。

(3) 电缆支架、保护设施以及警示标志是否破损、锈蚀、短缺和模糊不清。

(4) 电缆的附属设施，如避雷器以及与架空线等连接的刀闸是否完好。

(5) 观测电缆负荷电流是否超出正常载流量。

(6) 电缆终端头的连接点是否发热或锈蚀，接地线是否连接完好无锈蚀等现象。

(7) 油纸绝缘电缆终端是否有渗漏现象。

(8) 终端头绝缘管是否清洁、完整，无闪络灼伤痕迹，绝缘包裹胶带完好无松动，引线间和对周边构建的距离满足安全要求。相位相序标志是否正确、清晰。检查终端有无影响安全运行的杂物，如树枝、铁线、塑料布等。

(9) 对于敷设在隧道、沟槽、排管内的电缆线路，还要检查沟道盖板和井盖是否完整无缺；检查井和通道内有无积水和堆积杂物；沟壁有无裂纹或裂缝；电缆支架是否完整无缺，是否锈蚀或破损；电缆外皮是否完整；固定电缆的卡具、挂钩是否完好；电缆的标志是否完整清晰；防火、排水、通风、照明设施是否处于良好状态。

3. 电缆的日常维护

（1）防止外力破坏。巡视中所发现的缺陷，应分轻重缓急，采取对策，及时处理。在电缆线路密布的城市里，运行部门须经常与当地市政建设积极联系，了解各地区掘土动工的情况，派人员监护电缆。同时，可采取适当的宣传教育，例如对有关单位送发通知，张贴宣传画以及通过报纸和广播机关等，促使群众注意。电缆线路的巡视，除了经常由巡线工执行外，技术人员也必须定期做重点的监督性检查。装在房屋内、隧道内、桥梁上、杆塔上以及敷在水底的电缆，都很容易受外力损伤，应特别注意。直接埋在地下的电缆，在其附近路面上不应堆放笨重物件，以防电缆被压伤和阻碍紧急修理的进行。在泥土被挖开的地方，电缆如有悬空的情况，须加以吊挂，可用木板衬托电缆。

（2）耐压试验。预防性耐压试验是鉴定绝缘情况和探索隐形故障的有效措施。在苏联这种试验早已普遍采用并收到很大效果。用直流电压试验，对良好的绝缘不会有任何损害，而且需要的设备容量不大。试验时的电压和时间应按规定进行。耐压试验的接线方式、电压的升高速度、读取泄漏电流的时间、各芯的泄漏电流值及其容许不对称系数等参数均应符合要求。电缆在预防性试验中，如发现有绝缘情况不良的，应设法使其击穿或加强运行中的监视，以防止在运行中发生故障。测量泄漏电流应尽可能使用遮蔽环，以消除表面漏电的影响。

（3）负荷测量。电缆的容许载流量决定于导体的截面积和最高许可温度、纸绝缘及保护层的热阻系数、电缆结构的尺寸、线路周围环境的温度和热阻系数、电缆埋置深度以及并列敷设的条数等。由于各季气候温度不同，电缆容许载流量亦随之而异。

电缆线路负荷的测量，可用配电盘式电流表、记录式电流表或携带式钳形电流表等。测量时间及次数应按现场运行规程执行，一般应选择最有代表性的日期和负荷最特殊的时间进行测量。自发电厂或变配电站引出的电缆，负荷测量可由值班人员执行，每条线路的电流表上应当画一根控制红线以标志该线路的最大容许负荷。当电流表的指针超过红线时，值班人员应即通知调度部门采取减负荷措施。在紧急情况下，电缆可以按过负荷继续运行，但过负荷的百分率和时间必须符合运行规程的规定。

（4）温度检查。电缆的温度和负荷有密切关系，仅仅检查负荷并不能保证电缆不过热，这是因为：①计算电缆容许载流量时所采用的热阻系数和集聚因数，与实际情况可能有些差别；②设计人员在选择电缆截面积时，可能缺少关于整个线路敷设条件和周围环境的充分资料；③城市或工厂地区内经常有改建工程和添装新的电力电缆或热力管路等，对于原来的周围环境和散热条件产生影响。因此，运行部门除了经常测量负荷外，还必须检查电缆的实际温度来确定有无热现象。

检查温度一般应选择负荷最大时和在散热条件最差的线段（不少于 10m）。测量仪器多半使用热电偶。为了保证测量的准确性，以及防止热电偶的损坏，每个地点应装有两个热电偶。测量电缆温度时应同时测量周围环境的温度，但必须注意，测量周围环境温度的热电偶，应与电缆保持一定的距离，以免受电缆散热的影响。

电缆负荷和电缆表面温度经测定后，缆芯导体的温度为

$$t = t_{nos} + \frac{I_n^2 n\rho S}{100A} \tag{3-1}$$

式中　t ——缆芯导体温度，℃；

　　　t_{nos} ——电缆表面温度，℃；

　　　I_n ——试验时电缆负荷，A；

　　　n ——电缆芯数；

　　　ρ ——在50℃时的电阻系数，铜约为0.0206Ω·mm²/m；

　　　S ——电缆绝缘及保护层的热阻值，Ω；

　　　A ——电缆截面，mm²。

（5）防止腐蚀。由于腐蚀引起的电缆故障发展比较慢，容易被忽视，如不及时防止，可能造成很大损失。当一个地区内发现一条电缆由于电缆存储、制造原因或运行中外力使外护套损坏而引起铜屏蔽腐蚀时，也应注意该地区同批电缆是否出现同样问题；当一个电缆附件出现密封不严进水腐蚀时应注意该批电缆附件是否同样出现问题，并应及时更改。

对于单芯电缆，当护套损坏出现环流时，对于电缆金属护层是一个严重的电化学反应过程。应及时修补。

（6）电缆防火。电缆着火是灾难性的，其带来的损失不可估量。因此要采取技术和管理手段，积极设法清除电缆火灾的隐患，同时也要采取措施防止电缆着火后快速延燃。

1）采用防火涂料和氨基膨胀型防火涂料和包带。中低压小截面电缆适合采取涂料的形式，缺点是涂膜机械附着度有限，需要维护；大截面电缆适合采用包带，缺点是一定程度上影响载流量。

2）防火堵、填料。在电缆贯穿空洞、隧道沟槽的一定间距设置防护隔离带，采用防火材料进行封堵，将火灾限制在一定范围之内，减少损失。

（7）日常维护工作的基本内容。电缆线路设备和其他供电设备一样，必须经常检修和维护。检修项目则根据巡视和试验结果加以确定。一般的维护工作每年至少一次，主要包括下列三类。

1）户内外电缆及终端头：

a. 清扫电缆沟并检查电缆情况；

b. 清扫终端盒及瓷套管；

c. 检查终端盒内有无水分并添加绝缘剂；

d. 检查终端头引出线接触是否良好；

e. 用绝缘电阻表测量电缆绝缘电阻；

f. 油漆支架及电缆夹；

g. 核对线路铭牌及终端头引出线的相位颜色；

h. 修理电缆保护管；

i. 检查接地电阻；

j. 电缆钢甲涂防腐漆；

k. 单芯电缆检查铜包电流及电压。

2）工井及隧管：

a. 抽除井内积水，清除污泥；

b. 检查工井建筑有无下沉、裂缝和漏水等；

c. 检查井盖和井内通风情况；

d. 油漆电缆支架挂钩；

e. 疏通备用隧管；

f. 检查工井内电缆及接头情况；应特别注意接头有无漏油，接地是否良好；

g. 核对线路铭牌。

3）地面分支箱：

a. 检查周围地面环境；

b. 检查通风及防雨情况；

c. 油漆铁件；

d. 检查门锁；

e. 分支箱内终端头及电缆的检查同 1）类各项。

四、温度测试

1. 总 则

为全面推进红外成像诊断技术的配电设备状态检修工作，规范配电系统红外检测和诊断工作，加快配电网运维方式由事故抢修向超前防范转变。依据国家、行业有关标准和有关规章制度，结合城市配电网运行特点和实际情况，对配电设备红外检测和诊断工作的管理职责、基本要求、检测要点、分析诊断、仪器管理、技术管理和工作考核等方面提出了规范性要求。配电设备管理人员和运行维护工作人员应用红外成像诊断技术对运行设备的表面温度进行检测和诊断，及时发现设备缺陷和异常，为设备检修提供决策依据，为开展配电设备状态检修创造条件，提高配电设备运行的可靠率。

2. 基本要求

（1）红外检测仪器的要求。城市配电网红外检测和诊断主要使用便携式非制冷型焦平面热像仪。

红外热像仪应操作简便，携带方便，不受测量环境中高压电磁场的干扰，具备适应城市配电网特殊环境的防护要求和工作性能，测量精确度和测温范围满足现场测试要求，具有较高的温度分辨率及空间分辨率，具有大气条件的修正模型。

红外热像仪的图像显示应清晰、稳定，图像分析功能丰富，具有图像锁定、记录和输出等功能。

红外热像仪应具备统一标准的离线分析软件，可灵活应用多种分析功能，自动生成通用格式的分析报告，灵活储存和输出。

运行单位应根据所辖配电网规模确定红外热像仪的配置数量，但应保证每个运行班组至少配置 2 台。

（2）被检测设备的要求。被检测电气设备应为带电运行设备。

检测时应尽可能避开视线中的封闭遮挡物。在保证人身和设备安全的前提下，可临时打开遮挡红外辐射的门和盖板等物。

配电网规划设计和新设备选型时宜考虑进行红外检测的可能性。

（3）检测环境的要求。检测时环境温度一般不低于 5℃，相对湿度一般不大于 85％，风速一般不大于 5m/s。天气以阴天、多云为宜，夜间检测的图像质量最佳。

不应在雷、雨、雾、雪等气象条件下进行检测。

户外检测宜在日出之前、日落之后进行。晴天应避开阳光直接照射或强光反射。

户内或夜间检测应避开灯光直射，宜闭灯检测。

检测电流致热型设备时宜在高峰负荷下进行。不满足时，应在不低于 30％的额定负荷下进行，同时应充分考虑小负荷电流对测试结果的影响。

（4）检测人员的要求。熟悉红外检测技术的基本原理和诊断程序，了解红外热像仪的工作原理、技术参数和性能，掌握红外热像仪的操作程序和使用方法。

了解被检测设备的结构特点、工作原理、运行状况和导致设备故障的基本因素。

具有一定的现场工作经验，熟悉掌握 DL/T 664—2008《带电设备红外诊断应用规范》，熟悉并能严格遵守《国家电网公司电力安全工作规程（线路部分)》和省公司有关工作现场的安全管理规定。

检测时应设工作监护人。监护人在检测期间应始终行使监护职责，不得擅离岗位或兼任其他工作。

3. 检测工作要求

（1）检测范围。

1）全部中低压配电设备应纳入红外检测的范围。

2）重要供电设备、长期重负荷设备及老旧设备应优先安排红外检测，并根据首次检测结果适当安排跟踪检测和分析。

（2）检测周期。

1）配电设备的红外检测和诊断周期应根据设备的重要性、负荷率、运行年限、设备状况及环境条件等因素确定。

2）配电设备的检测应遵循检修和预试前普测、高温高负荷等情况下的特殊巡测相结合的原则。

3）应保证全部配电设备每年检测一次。检测宜安排在计划停电检修前或重负荷期间进行。检修后应进行一次复查。

4）架空线路（主要是接续金具）、电缆线路（主要是电缆终端和中间接头）及配电变压器应每年至少检测两次，在夏、冬季高峰负荷期间进行。

5）对存在过热缺陷的设备，应根据设备运行状况和负荷情况适当缩短检测周期，实施跟踪检测。

6）新建、改造或大修的配电设备应在带负荷运行后的一个月内（但不少于 24h）进行一次红外检测和诊断。

7）配电设备在完成故障抢修后应进行一次红外检测。

8）遇有重大事件、重大节日保电等特殊情况应增加相关设备的红外检测次数。

（3）检测要求。

1）红外检测时应先用红外热像仪远距离对被测设备进行全面扫描，发现异常后，再有针对性地近距离对异常部位进行精确检测。

2）仪器开机后应首先进行内部温度校准。当环境温度发生较大变化时，应对仪器重新进行内部温度校准。

3）检测时应充分利用仪器具有的图像平均、热点跟踪、区域温度跟踪等功能，以达到最佳检测效果。

4）精确检测操作要求。

a. 环境温度参照体应尽可能选择与被检设备类似的物体，且在同一方向或同一视场中选择。

　　b. 在安全距离允许的条件下，红外仪器宜尽量靠近被检设备，必要时，可使用中（长）焦距镜头。配电线路检测时可根据现场情况使用中（长）焦距镜头。

　　c. 应从不同方向和角度进行检测，测出最热点的温度值。

　　d. 正确选择被检设备的发射率。

　　e. 正确输入大气温度、相对湿度、测量距离等补偿参数，进行必要修正，并选择适当的测温范围。

　　f. 记录被检设备的实际负荷电流、额定电流、运行电压，被检设备温度及环境温度参照体的温度值等。

　　4. 分析诊断

　　根据检测结果，可采用表面温度判断法、相对温差判断法、同类比较判断法、图像特征判断法、档案分析判断法和实时分析判断法等方法进行分析和诊断，确定设备目前的运行状况。

　　根据设备温度超标的程度、设备负荷率大小、设备的重要性及设备承受机械应力的大小来确定设备缺陷的性质。典型设备或部位的缺陷判断依据见表 3-4 和表 3-5。设备过热缺陷的分类如下。

表 3-4　　　　　　　　　　　　　电流致热型设备缺陷诊断判据

设备类别和部位		热像特征	故障特征	缺陷性质			处理建议
				一般缺陷	严重缺陷	危急缺陷	
电气设备与金属部件的连接	接头和线夹	以线夹和接头为中心的热像,热点明显	接触不良	温差不超过15K,未达到严重缺陷的要求	热点温度＞80℃或相对温差≥80%	热点温度＞110℃或相对温差≥95%	
金属部件与金属部件的连接	接头和线夹	以线夹和接头为中心的热像,热点明显	接触不良	温差不超过15K,未达到严重缺陷的要求	热点温度＞90℃或相对温差≥80%	热点温度＞130℃或相对温差≥95%	
金属导线		以导线为中心的热像,热点明显	松股、断股、老化或截面积不足	温差不超过15K,未达到严重缺陷的要求	热点温度＞80℃或相对温差≥80%	热点温度＞110℃或相对温差≥95%	
配电线路连接器(耐张线夹、接续管、修补管、并沟线夹、跳线线夹、T型线夹、设备线夹等)		以线夹和接头为中心的热像,热点明显	接触不良	温差不超过15K,未达到严重缺陷的要求	热点温度＞90℃或相对温差≥80%	热点温度＞130℃或相对温差≥95%	

设备类别和部位		热像特征	故障特征	缺 陷 性 质			处理建议
				一般缺陷	严重缺陷	危急缺陷	
隔离开关	刀口	以刀口为中心的热像,热点明显	接触不良	温差不超过15K,未达到严重缺陷的要求	热点温度>90℃或相对温差≥80%	热点温度>130℃或相对温差≥95%	测量接触电阻
断路器	动静触头	以本体为中心的热像,热点明显	压接不良	温差不超过10K,未达到严重缺陷的要求	热点温度>55℃或相对温差≥80%	热点温度>80℃或相对温差≥95%	测量接触电阻
套管	柱头	以套管顶部柱头为中心的热像,热点明显	柱头并线压接不良	温差不超过10K,未达到严重缺陷的要求	热点温度>55℃或相对温差≥80%	热点温度>80℃或相对温差≥95%	

表 3-5　　　　　　　　　　　　电压致热型设备缺陷诊断判据

设备类别		热像特征	故障特征	温差(K)	处理建议
电流互感器	10kV浇注式	以本体为中心整体发热	铁芯短路或局部放电增大	4	进行伏安特性或局部放电试验
电压互感器	10kV浇注式	以本体为中心整体发热	铁芯短路或局部放电增大	4	进行特性或局部放电试验
氧化锌避雷器	10kV	正常为整体轻微发热,较热点一般靠近上部且不均匀,引起整体发热或局部发热为异常	阀片受潮或老化	0.5~1	进行直流和交流试验
绝缘子	磁绝缘子	以铁帽为发热中心的热像图,比正常绝缘子温度高	低值或零值绝缘子发热	1	
	合成绝缘子	绝缘体局部过热	伞裙破损或芯棒受潮	0.5~1	
		球头部位过热	球头部位松脱或进水		
电缆终端		以整个电缆头为中心的发热	电缆头受潮、劣化或气隙	0.5~1	
		以护层接地连接为中心的发热	接地不良	5~10	
		伞裙局部区域过热	内部可能有局部放电	0.5~1	
		根部有整体性过热	内部介质受潮或性能异常	0.5~1	

（1）一般缺陷：指设备存在过热，有一定的温差，温度场有一定的梯度，但不会引起事故的缺陷。此类缺陷应记录在案，实施跟踪检测，有计划地安排消缺工作。

（2）严重缺陷：指设备存在过热，程度较重，温度场分布梯度较大，温差较大的缺陷。此类缺陷应加强跟踪检测，尽快安排处理。

（3）危急缺陷：指设备温度超过最高允许运行温度（GB/T 11022—2011《高压开关设备和控制设备标准的共用技术要求》）的缺陷。此类缺陷应立即控制负荷，安排处理。

对于负荷率小、温升小但相对温差大的设备，可在增大负荷电流后进行复测，以确定缺陷性质，若无法改变负荷时可暂定为一般缺陷，加强跟踪检测。

电压致热型设备的缺陷一般应定为严重及以上缺陷。

5. 仪器管理

（1）配电运行单位应设专人负责保管红外检测仪器，并制定完善的仪器使用管理规定。

（2）建立仪器资料档案，应包括出厂校验报告、合格证、质保书、操作手册和定期校验记录等。

（3）存放仪器的库房（或地点）应有防湿和干燥措施。

（4）仪器应定期进行保养，包括通电检查、电池充放电、存储卡存储处理、镜头检查等，保证仪器及附件始终处于完好状态。

6. 技术管理

（1）台账资料管理。

1）配电运行单位应对全部配电设备进行摸底，明确各类配电设备的重点检测部位和检测点数，建立相应的配电设备红外检测台账（见表3-6）。

表3-6　　　　　　　　　　　　　配电设备红外检测台账

单位		检测人员		检测时间	
设备类型		设备名称		设备专责人	
检测对象	检测评价	图像编号	缺陷定性	处理情况	
检测部位1					
检测部位2					
检测部位3					
检测部位4					
检测部位5					
...					

2）现场检测应填写《红外检测现场记录》（见表3-7）。通过红外诊断确定的严重及以上过热缺陷，应在3个工作日内编制完成《配电设备红外检测诊断报告》（见表3-8）。

3）红外检测和诊断的数据资料，包括现场记录、设备照片、热谱图、计算机分析记录及诊断报告等，应妥善保管，分类建档。

4）建立配电设备红外检测数据库和热像图谱库，及时录入各类配电设备在多种运行工况及负荷下的不同热像图谱及温度数据，记录诊断出的设备缺陷相关信息，实现动态管理。

表 3-7 　　　　　　　　　　　配电设备红外检测现场记录

设备单位：　　　　　　天气：　　　　　　日期：

序号	检测时间	设备名称	检测部位	表面温度℃	正常相温度（℃）	环境参照体温度（℃）	温差（K）	相对温差（%）	负荷情况		运行电压（kV）	缺陷性质	热像图号	环境条件		
									负荷电流（A）	额定电流（A）				风速	测试距离	辐射系数

检测人员：　　　　　　　　　　　　　　　　　　　　　　　　　　记录人员：

表 3-8 　　　　　　　　　　　配电设备红外检测诊断报告

1. 检测工况					
单位			检测日期/时间		
设备名称			检测部位		
测试仪器		仪器型号		仪器编号	
天气		环境温度		环境湿度	
风速		测试距离		辐射系数	
负荷电流(检测时)		额定电流		图像编号	
2. 图像分析					
红 外 图 像			可 见 光 图 像		
3. 诊断分析和缺陷定性					
4. 处理意见					
5. 备注					

检测人员：　　　　　　审核：　　　　　　批准：

（2）缺陷管理。

1）红外诊断提出的过热缺陷应纳入设备缺陷管理的范围，按照设备缺陷管理流程进行处理。

2）根据缺陷性质制定相应的消缺计划，据此指导和优化配电网月度停电检修计划和带电作业工作计划。

3）配电设备过热缺陷应每月进行统计和分析，汇入《城市配电网运行月度报表》按时上报，同时报送当月编制的《配电设备红外检测诊断报告》。

（3）分析与评估。

1）配电运行单位应定期开展配电设备红外检测季度分析工作，及时对前一季度工作进行总结，提出改进措施。

2）每季度末编制《配电设备红外检测季度分析报告》，并上报上级生产技术部。

3）每年根据配电设备红外检测情况，对所有被测配电设备进行一次状态评价，以此确定配电设备检修策略和检修计划。

（4）技术培训。配电运行单位应将红外检测技术培训纳入本单位生产技术培训的范围，定期组织形式多样的技术培训和技能竞赛。

五、负荷电流测试

为了监视配电变压器运行情况，必须测量变压器的负荷电流，如果变压器负荷有下列情况之一，则应进行调整。

（1）配电变压器三相电流不平衡度大于15％。

（2）配电变压器中性线电流超过低压绕组额定电流的25％。

（3）负荷电流超过变压器的额定电流。

1. 测量次数

以居民用电为主要负荷的配电变压器，每季度至少测量一次负荷电流，负荷率大于70％时，每季度应增加一次；负荷以农业排灌为主的变压器，每年至少在负荷高峰时测量一次负荷电流。在出现下列情况时应增加负荷电流测量次数：配电变压器满负荷、容量变动、平负荷、改变低压线路运行方式。

2. 测量仪器及方法

测量电流时常用钳形电流表，它由电流互感器和电流表组成。

当握紧扳手时，电流互感器铁芯即可张开，然后将被测相的导线卡入钳口为电流互感器一次侧，放松扳手，使铁芯的钳口闭合后，接在二次绕组上的电流表便指示出被测电流值。

钳形电流表使用中注意事项：

（1）被测的电流大小未知时，应先通过转换开关将电流表调到最高量限，然后再回挡减至适宜量限位置。

（2）在测量前应调整表头在"零位"。

（3）测量时应使被测导线处于钳口中央，否则会有误差。如测量大电流后立即去测小电流，应张合铁芯数次以消除铁芯中的剩磁。

（4）应保持钳口的清洁，携带使用时不应受到强烈振动。

配电变压器负荷电流测试记录表可参考表3-9。

表 3 - 9   配电变压器负荷电流测试记录表

测定日期					额定电流(A)	实测电流(A)				最大负荷率(%)	三相不平衡率(%)	测试人
年	月	日	时	分		U	V	W	N			

● 第三节　配电线路标识

配电线路生产活动涉及的场所、设备（设施）、检修施工等特定区域以及其他有必要提醒人们注意安全的场所，应配置使用标准化的安全设施。

一、配电线路安全设施的配置

（1）安全设施应清晰醒目、规范统一、安装可靠、便于维护，适应使用环境要求。

（2）安全设施所用的颜色应符合 GB 2893—2008《安全色》的规定。

（3）配电线路杆塔应标明线路名称、杆（塔）号、色标，并在线路保护区内设置必要的安全警示标志。

（4）电力线路一般应采用单色色标，线路密集地区可采用不同颜色的色标加以区分。

（5）安全设施设置后，不应构成对人身伤害、设备安全的潜在风险或妨碍正常工作。

二、配电线路安全设施安装制作

（1）安全标志、配电线路设备标志应采用标牌安装，也可采用涂刷方式。

（2）标志牌标高可视现场情况自行确定，但对于同类设备（设施）的标志牌标高应统一。

（3）标志牌规格、尺寸、安装位置可视现场情况进行调整，但对于同类设备（设施）的标志牌规格、尺寸及安装位置应统一。

（4）标志牌应采用坚固耐用的材料制作，并满足安全要求。对于照明条件差的场所，标志牌宜用荧光材料制作。

（5）除特殊要求外，安全标志牌、设备标志牌宜采用工业级反光材料制作。

（6）涂刷类标志材料应选用耐用、不褪色的涂料或油漆。

（7）所有矩形标志牌应保证边缘光滑，无毛刺，无尖角。

三、配电线路安全标志

1. 一般规定

（1）配电线路设置的安全标志包括禁止标志、警告标志、指令标志、提示标志四种基本类型和消防安全标志等特定类型。

（2）安全标志一般使用相应的通用图形标志和文字辅助标志的组合标志。

（3）安全标志一般采用标志牌的形式，宜使用衬边，以使安全标志与周围环境之间形成较为强烈的对比。

（4）安全标志所用的颜色、图形符号、几何形状、文字，标志牌的材质、表面质量、衬边及型号选用、设置高度、使用要求应符合 GB 2894—2008《安全标志及其使用导则》的规定。

（5）安全标志牌应设在与安全有关场所的醒目位置，便于走近电力线路的人们看见，并有足够的时间来注意它所表达的内容。环境信息标志宜设在有关场所的入口处和醒目处；局部环境信息应设在所涉及的相应危险地点或设备（部件）的醒目处。

（6）安全标志牌不宜设在可移动的物体上，以免标志牌随母体物体相应移动，影响认读。标志牌前不得放置妨碍认读的障碍物。

（7）多个标志在一起设置时，应按照警告、禁止、指令、提示类型的顺序，先左后右、先上后下地排列，且应避免出现相互矛盾、重复的现象。也可以根据实际，使用多重标志。

（8）安全标志牌的固定方式分附着式、悬挂式和柱式。附着式和悬挂式的固定应稳固不倾斜，柱式的标志牌和支架应连接牢固。临时标志牌应采取防止倾倒、脱落、移位措施。

（9）安全标志牌应设置在明亮的环境中。

（10）安全标志牌设置的高度尽量与人眼的视线高度相一致，悬挂式和柱式的环境信息标志牌的下缘距地面的高度不宜小于 2m，局部信息标志的设置高度应视具体情况确定。

（11）安全标志牌的平面与视线夹角应接近 90°，观察者位于最大观察距离时，最小夹角不低于 75°。

（12）安全标志牌应定期检查，如发现破损、变形、褪色等不符合要求时，应及时修整或更换。修整或更换时，应有临时的标志替换，以避免发生意外伤害。

（13）配电线路杆塔，应根据电压等级、线路途经区域等具体情况，在醒目位置按配置规范设置相应的安全标志牌，如"禁止攀登 高压危险"等。

（14）在人口密集或交通繁忙区域施工，应根据环境设置必要的交通安全标志。

2. 禁止标志及设置规范

（1）禁止标志牌的基本型式是一长方形衬底牌，上方是禁止标志（带斜杠的圆边框），下方是文字辅助标志（矩形边框）。图形上、中、下间隙，左、右间隙相等。

（2）禁止标志牌长方形衬底色为白色，带斜杠的圆边框为红色，标志符号为黑色，辅助标志为红底白字、黑体字，字号根据标志牌尺寸、字数调整。

四、配电线路设备安全标志

1. 一般规定

（1）配电线路应配置醒目的标志。配置标志后，不应构成对人身伤害的潜在风险。

（2）设备标志由设备编号和设备名称组成。

（3）设备标志应定义清晰，能够准确反映设备的功能、用途和属性。

（4）同一单位每台设备标志的内容应是唯一的，禁止出现两个或多个内容完全相同的设备标志。同一调度机构直接调度的每台设备标志的内容应是唯一的。

（5）配电变压器、箱式变压器、环网柜、柱上断路器等配电装置，应设置按规定命名的设备标志。

2. 架空线路标志

（1）线路每基杆塔均应配置标志牌或涂刷标志，标明线路的名称、电压等级和杆塔号。新建线路杆塔号应与杆塔数量一致。若线路改建，改建线路段的杆塔号可采用"$n+1$"或"$n-1$"（n 为改建前的杆塔编号）形式。

（2）耐张型杆塔、分支杆塔和换位杆塔前后各一基杆塔上，应有明显的相位标志。相位标志牌基本形式为圆形，标准颜色为黄色、绿色、红色。

（3）在杆塔适当位置宜喷涂线路名称和杆塔号，以在标志牌丢失情况下仍能正确辨识杆塔。

（4）杆塔标志牌的基本形式一般为矩形，白底，红体字，安装在杆塔的小号侧；特殊地形的杆塔，标志牌可悬挂在其他的醒目方位上。

（5）同杆塔架设的双（多）回线路应在横担上设置鲜明的异色标志加以区分。各回路标志牌底色应与本回路色标一致，红体字（黄底时为黑色黑体字）。色标颜色按照红黄绿蓝白紫排列使用。

（6）同杆架设的双（多）回路标志牌应在每回路对应的小号侧安装，特殊情况可在回路对应的杆塔两侧面安装。

3. 配电变压器、箱式变压器标志牌

装设于配电变压器横梁上适当位置或箱式变压器的醒目位置。基本形式是矩形，白底，红色黑体字。

4. 环网柜标志牌

装设于环网柜或电缆分接箱醒目处。基本形式是矩形，白底，红色黑体字。

5. 断路器标志牌

装设于分支线杆上的适当位置。基本形式是矩形，白底，红色黑体字。

6. 杆塔拉线、接地引下线防护套管及警示标识

（1）在线路杆塔拉线、接地引下线的下部，应装设防护套管，也可采用反光材料制作的防撞警示标识。

（2）防护套管及警示标识，长度不小于 1.8m，黄黑相间，间距宜为 200mm。

7. 杆塔防撞警示线

（1）在道路中央和马路沿外 1m 内的杆塔下部，应涂刷防撞警示线。

（2）防撞警示线采用道路标线涂料涂刷，带荧光，其高度不小于 1200mm，黄黑相间，间距 200mm。

❓ 复习思考题

1. 线路设备缺陷分为哪几类？
2. 设备定级原则是什么？
3. 运行分析的主要内容有哪些？
4. 配电线路的巡视分为哪几类？
5. 配电线路周边环境的巡视内容是什么？
6. 电缆的日常维护项目是什么？
7. 温度测试范围是什么？
8. 负荷电流测试次数如何规定的？
9. 配电线路安全标志如何规定的？
10. 架空线路标志设置要求是什么？

第四章

配电线路的检修

▶ 第一节 检修管理制度

配电线路经过运行检查、测试等工作发现的缺陷和隐患，需要及时消除，或为提高设备的健康水平，所进行的消除缺陷和隐患的过程，一般可分为维护、大修、事故抢修和技术改造。配电线路检修管理必须正确贯彻执行上级对配电专业管理制定的有关标准、规范和制度；坚持"预防为主"和"质量第一"的方针，按照"应修必修，修必修好"的原则，合理安排设备检修，以确保配电设备的安全稳定运行。

（1）配电线路检修应积极采用新工艺、新材料和新技术，努力实现技术进步和技术创新，逐步推广状态检修。要大力推广带电作业，努力开发带电作业新项目，在保证安全的基础上积极稳妥地进行配电带电检修和试验。

（2）检修工作应主辅并重，加强配合检修，实现综合检修，避免重复停电，在保证检修计划顺利完成和检修质量的前提下，采取多种措施，尽量缩短检修停电时间；努力提高配电客户供电可靠率，配电设备检修应与技术更新、完善化改造工作相结合。

（3）检修工作应努力做到安全好、质量好、工效高、用料省。

（4）现场检修工作必须严格执行《电业安全工作规程》，落实保证安全的各项措施。由于配电网络装设了较多的分段和联络开关，部分开关没有明显的可见断开点，因此应特别加强工作现场接地线保护人身安全的安全措施的执行，在各个可能来电的方向都应设置接地线，且接地线应安装良好，可靠接地。

（5）检修前的准备。

1）提出设备停电检修或带电作业的申请。

2）开工前应编写和审核"三措"方案、开工报告、工作票，并组织人员学习。

3）开工前要做到方案、材料、备件、工具"四落实"，明确检修任务、职责分工、工作范围。

（6）检修现场管理。

1）工作负责人不得离开检修现场，工作负责人应检查各项准备工作是否完备，个人安全工器具、安全帽、工作服、工作鞋等劳动防护用品应符合要求。

2）现场专职安全员应不间断监护，并对危险点进行重点监护，纠正违章行为。

3）班组长、工作负责人及工作人员应坚持工艺质量标准，做到应修必修、修必修好。发现问题后，应及时反映汇报。

4）检修班组应在计划停电前赶至工作现场，做好开工前各项准备工作，等候设备停电。检修工作接近完成时，工作负责人应预先向调度部门联系，以便操作人员提前赶至现场等候恢复送电。

第二节　配电线路的典型检修作业项目

一、更换电杆

1. 人工挖坑作业法

(1) 人员组合：本项目需 3 人。工作负责人 1 人，作业人员 2 人。

(2) 所需主要工器具：铁锹 3 把，撅头 1 把，水桶 1 个，錾子 1 根，大锤 1 把。

(3) 操作步骤。

1) 根据杆位标桩划出挖坑的范围。杆坑直径应比电杆根径大 20～30cm。如需要设置卡盘，则卡盘坑应比卡盘实际尺寸约大 10cm。

2) 掘起路面、步道或覆土。沥青、水泥路面用錾子沿挖坑范围凿出坑的边界沟道，再用大锤砸开路面，用镐挖起路面。如挖掘位置为方砖步道，则用镐小心地将方砖起开。

3) 挖掘至所需深度后，如装设卡盘，则在电杆入位后，继续挖卡盘坑，卡盘深度约为 1/3 电杆埋深。电杆埋设深度见表 4 - 1。

表 4 - 1　　　　　　　　　电 杆 埋 设 深 度

杆长（m）	8.0	9.0	10.0	11.0	12.0	13.0	15.0	18.0
埋深（m）	1.5	1.6	1.7	1.8	1.9	2.0	2.3	2.6～3.0

(4) 注意事项。杆坑应至少距旧电杆 200mm，电杆基坑分直坑和阶梯坑（马道坑）。直坑土方量少，施工进度快，电杆的稳定性较强。电杆直坑直径不宜过大，为便于夯土，坑口直径可比电杆根部直径约大 10～30cm。人工立杆时多采用阶梯坑，立杆较为方便，且易装设底盘和卡盘。

电杆埋设深度应符合设计要求，当设计无特殊要求时，电杆埋设深度按表 4 - 1 确定。如电杆装设底盘时，应再加上底盘厚度（严寒地区应埋在冻土层以下）。且底盘表面应保持水平；底盘找正合格，应沿其四周填土夯实至底盘表面后安装电杆。

当挖至一定深度坑内出水时，应在坑的一角深挖一个小坑集水，然后用水桶将水排出。土质松软或流沙坑，需加挡板支撑。挖好坑后应立即立杆，以防塌方或影响交通。

2. 组立电杆（机械作业法）

(1) 人员组合：本项目需 6 人。工作负责人 1 人，吊车司机 1 人，作业人员 4 人。

(2) 所需主要工器具：吊车 1 台，钢丝绳套 1 副，拉绳 1 根，铁锹 3 把，撅头 1 把，水桶 1 个，钢钎 1 把，大锤 1 把，皮尺 1 副。

(3) 操作步骤。

1) 检查电杆坑深度。电杆运至坑位，使电杆重心在立杆位置。

2) 挂好钢丝绳套。钢丝绳套位于电杆重心略偏向杆梢处。

3) 吊车就位。吊钩与杆坑成一直线。吊车停稳后，放下两侧支脚接触地面以增加支撑，如遇沙地或软土等应垫木桩以加大接触面。如在斜坡上立杆，吊车应在上坡方向停稳，前后轮应有安全止档装置。将杆身上钢丝绳套挂到吊钩上。

4) 起吊电杆。工作负责人在可全面监视现场位置及吊臂车操作司机视线内指挥。司机操作吊臂吊起电杆。作业人员扶持电杆根部，缓慢平稳起吊。

5）电杆缓慢放下，竖立于电杆坑内。

6）填土夯实。直线杆的横向位移不应大于 50mm。每回填土高 500mm，夯实一次。在填土夯实时防止坑中积水，尽量使用细土，少填石块，避免用砂。土层上部面积不应小于坑口面积，培土高度应超出地面 300mm。

7）电杆倾斜度调整。填土夯实达到深度的 2/3 高度后方可进行。调整电杆垂直至符合要求（直线杆的倾斜不应大于梢径的 1/2，转角、耐张杆应向外侧预偏不大于 1 个梢径）。

8）操作吊臂放松挂钩、绳套。拆除挂钩、绳套。

9）电杆方向校正。如电杆预先装设横担，立杆后可利用转杆器（扛木及套索）转动电杆，使横担朝向满足要求。

（4）安全注意事项。根据道路情况设置安全围栏、警告标志或路障，防止无关人员进入工作现场。

（5）危险点。防止重物伤人，倒杆伤人。

二、更换直线横担

1. 人员组合

本项目需 3 人。工作负责人 1 人，高空作业人员 1 人，地面作业人员 1 人。

2. 所需主要工器具

脚扣一副，安全带一副，滑轮 1 个，吊绳 1 根，角铁横担 1 根，衬铁 2 块，U 型抱箍 1 副，针式绝缘子 3 个，绑线 2 盘。

3. 操作步骤

（1）核对线路名称、地点、电杆编号、是否停电，检查杆根是否牢固、电杆是否有裂纹。

（2）仔细检查脚扣各部位有无断裂、锈蚀现象，并对安全带、登杆工具作冲击试验。

（3）杆上人员应选择所需工作点的合适位置，站稳、系好安全带。

（4）拆除针式绝缘子固定导线的绑线，将两边相导线用绳索吊起固定在杆顶。

（5）拆除直瓶，拆除旧横担，用绳索吊下。

（6）吊起新横担及组件。

（7）安装横担、衬铁抱箍，注意杆顶与横担抱箍尺寸为 500mm。

（8）安装横担，要求横担装于受电侧，水平且与线路方向垂直。

（9）吊起新针式绝缘子，安装针式绝缘子，其顶槽与线路方向平行。

（10）紧固所有螺母，将两边相导线放置针式绝缘子的顶槽内，用绑线扎紧，清除杆上多余物。

（11）最后检查无误，下杆。

4. 安全注意事项

（1）根据道路情况设置安全围栏、警告标志或路障，防止无关人员进入工作现场。

（2）操作人员应选择所需工作点的合适位置，站稳、系好安全带。

（3）在杆上作业，任何工具、材料要用绳索传递，防止高空落物，严禁高空抛物。

（4）工作点要装设遮拦和安全警示牌。

5. 危险点

高空落物、高空坠落。

三、更换耐张横担

1. 人员组合

本项目需 4 人。工作负责人 1 人，高空作业人员 1 人，地面作业人员 2 人。

2. 所需主要工器具

脚扣 1 副，安全带 1 副，紧线器 2 副，后备保险绳 2 根，滑轮 1 个，吊绳 1 根，角铁横担 2 根，衬铁 2 块，双头螺栓 4 条，U 型抱箍 1 副，针式绝缘子 3 个，绑线 2 盘。

3. 操作步骤

（1）核对线路名称、地点、电杆编号、是否停电，检查杆根是否牢固、电杆是否有裂纹。

（2）仔细检查脚扣各部位有无断裂、锈蚀现象，并对安全带、登杆工具作冲击试验。

（3）登杆作业。

（4）杆上人员登杆，选择所需工作点的合适位置，站稳、系好安全带。

（5）地面人员准备材料的起吊工作。

（6）杆上人员用工作绳起吊安装材料，开始组装。

（7）将耐张横担安装在旧横担的上方，新横担紧压在旧横担上。

（8）用长螺栓将两侧横担、衬铁连为一体。

（9）紧固长螺栓，安装横担两端短螺栓，调整两侧横担的平行，紧固螺栓。

（10）杆上人员用工作绳起吊紧线工具，放在一侧，在新横担用钢丝绳或铁线连接牢固紧线器，与耐张绝缘子串、导线方向保持一定角度，且留出紧线需用的长度。

（11）用后备保险绳两端将同相的两个耐张线夹拴牢，防止跑线。

（12）将在一侧的两个紧线器的紧线钳头夹紧在同一条线的两串耐张绝缘子的导线外侧合适位置，以吊瓶不受紧线器的卡制为宜。

（13）两边杆上人员同时收紧紧线器，使耐张绝缘子串脱离受力状态，取出耐张绝缘子串旧横担端销钉，将耐张绝缘子串安装在新横担上。

（14）两边杆上人员同时放松紧线器，使耐张绝缘子串呈受力状态，紧线器脱离受力状态。

（15）拆除紧线器，将其安装在另一侧。

（16）重复上述（8）～（11）步骤，将另一侧耐张绝缘子串倒在新横担上。

（17）拆除旧横担，用工作绳吊下。

（18）拆除紧线器，用工作绳吊下。

（19）最后检查无误，下杆。

4. 安全注意事项

（1）根据道路情况设置安全围栏、警告标志或路障，防止无关人员进入工作现场。

（2）操作人员应选择所需工作点的合适位置，站稳、系好安全带。

（3）在杆上作业，任何工具、材料要用绳索传递，防止高空落物，严禁高空抛物。

（4）上杆前检查杆根、检查拉线。

（5）杆上人员安全带应系在牢固的构件上。

（6）工作时，工作人员要注意检查绝缘子串连接情况，绑扎牢辅助拉线。

（7）横担安装时要抓牢，防止掉下伤人。

（8）绝缘子串收紧及松弛时，应认真检查绝缘子串及金具的连接情况，确认金具弹簧销及球头确已连接到位且齐全，确无问题才能工作，发现异常时应采用补强措施。

（9）绝缘子串受力前，应逐个检查金具、弹簧销、销针和球头完备及确已到位，当绝缘子完全承力后，方可拆掉紧线工具后备保险。

（10）要做好保险措施，后备保险要有足够的强度，严防掉线。

（11）吊装的横担应绑扎牢靠，起吊或下落前检查绳头系扣状况，防止绳头滑落。

（12）地面作业人员应戴好安全帽。

（13）工作点要装设遮拦和安全警示牌。

5. 危险点

高空落物、高空坠落。

四、更换针式绝缘子

1. 人员组合

本项目需3人。工作负责人1人，高空作业人员1人，地面作业人员1人。

2. 所需主要工器具

脚扣1副，安全带1副，吊绳1根，针式绝缘子1个，绑线1盘。

3. 操作步骤

（1）核对线路名称、地点、电杆编号、是否停电，检查杆根是否牢固、电杆是否有裂纹。

（2）仔细检查脚扣各部位有无断裂、锈蚀现象，并对安全带、登杆工具做冲击试验。

（3）杆上人员应选择所需工作点的合适位置，站稳、系好安全带。

（4）拆除针式绝缘子固定导线的绑线，将导线放在横担上并固定。

（5）拆除针式绝缘子，用绳索吊下。

（6）吊起新针式绝缘子，安装针式绝缘子，其顶槽与线路方向平行。

（7）紧固螺母，将导线放置针式绝缘子的顶槽内，用绑线扎紧，清除杆上多余物。

（8）检查无误后，下杆。

4. 安全注意事项

（1）根据道路情况设置安全围栏、警告标志或路障，防止无关人员进入工作现场。

（2）操作人员应选择所需工作点的合适位置，站稳、系好安全带。

（3）在杆上作业，任何工具、材料要用绳索传递，防止高空落物，严禁高空抛物。

（4）上杆前检查杆根、检查拉线。

（5）杆上人员安全带应系在牢固的构件上。

（6）吊装的绝缘子应绑扎牢靠，起吊或下落前检查绳头系扣状况，防止绳头滑落。

（7）地面作业人员应戴好安全帽。

5. 危险点

导线滑落，高空落物，绝缘子掉串伤人，高空坠落。

五、更换悬式绝缘子串

1. 人员组合

本项目需3人。工作负责人1人，高空作业人员1人，地面作业人员1人。

2. 所需主要工器具

脚扣1副，安全带1副，紧线器1副，后备保险绳1根，吊绳1根，悬式绝缘子1个，个人工具等。

3. 操作步骤

（1）核对线路名称、杆（塔）编号、是否已停电。

（2）杆上作业人员登杆。

（3）杆上人员用工作绳起吊紧线工具、后备保险绳，在新横担用钢丝绳或铁线连接牢固紧线器。与耐张绝缘子串、导线方向保持一定角度，且留出紧线需用的长度。

（4）杆上作业人员登至合适工作位置，将后备保险绳一端拴牢在横担上，另一端拴牢在耐张线夹上，将紧线器钩子端（钢丝绳或铁线）挂在终端杆横担上，另一端将紧线钳头夹紧在导线合适位置。

（5）杆上作业人员收紧紧线器，使不良绝缘子脱离受力状态。

（6）取出不良绝缘子两端销钉，拆下不良绝缘子。

（7）用吊绳放下不良绝缘子，吊上合格的绝缘子。

（8）装上合格绝缘子，并装上弹簧，松开紧线器，使绝缘子受力，弹簧销口朝上。

（9）杆上作业人员拆下紧线器并用吊绳放至地面。

（10）杆上作业人员清扫完绝缘子，携带吊绳下杆。

（11）地面人员整理、清点工具、材料、结束工作。

4. 安全及注意事项

（1）根据道路情况设置安全围栏、警告标志或路障，防止无关人员进入工作现场。

（2）杆上人员安全带应系在牢固的构件上，选择所需工作点的合适位置，站稳。

（3）在杆上作业，任何工具、材料要用绳索传递，防止高空落物，严禁高空抛物。

（4）上杆前检查杆根、检查拉线。

（5）杆上人员安全带应系在牢固的构件上。

（6）吊装的绝缘子应绑扎牢靠，起吊或下落前检查绳头系扣状况，防止绳头滑落。

（7）工作时，工作人员要注意检查绝缘子串连接情况。

（8）绝缘子串收紧及松弛时，应认真检查绝缘子串及金具的连接情况，确认金具弹簧销及球头确已连接到位且齐全，确无问题才能工作。发现异常时应采用补强措施。

（9）绝缘子串受力前，应逐个检查金具、弹簧销、销针及球头完备及确已到位。当绝缘子完全承力后，方可拆掉紧线工具及后备保险。

（10）要做好保险措施，后备保险要有足够的强度，严防掉线。

（11）吊装的绝缘子应绑扎牢靠，起吊或下落前检查绳头系扣状况，防止绳头滑落。

（12）地面作业人员应戴好安全帽。

5. 危险点

导线滑落，高空落物，绝缘子掉串伤人，高空坠落。

六、更换导线

1. 人员组合

本项目需15人。工作负责人1人，专责监护人2人，高空作业人员6人，地面作业人员6人。

2. 所需主要工器具

脚扣 6 副，安全带 6 副，紧线器若干副，吊绳若干根，紧线大绳若干，滑轮若干，绑线若干，剪线钳，个人工具，耐张线夹，接续线夹（金具）等。

3. 操作步骤

（1）核对线路名称、杆（塔）编号、是否停电。

（2）检查杆体与杆根部是否牢固，有无裂纹，拉线（或临时拉线）是否紧固。

（3）检查耐张档内有无交跨电力线路。

（4）检查紧线工具。

（5）杆上作业人员登杆。耐张段中的直线杆每杆 1 人，耐张杆各 1 人。耐张杆分为挂线杆（简称 1 号杆）和紧线杆（简称 2 号杆）。

（6）直线杆杆上作业人员登至合适工作位置，将滑轮固定在横担上，将针式绝缘子固定导线的绑线拆除，将旧导线放入滑轮内。

（7）耐张杆杆上作业人员登至合适工作位置，将滑轮固定在横担上。拆除接续线夹。

（8）1 号杆上作业人员起吊新导线，穿过滑轮，在旧导线耐张线夹导线侧合适的位置用 2 个并沟线夹紧牢（或用绑线扎紧）。

（9）2 号杆杆上作业人员将紧线器钩子端（钢丝绳或铁线）挂在终端杆横担上，另一端将紧线钳头夹紧在导线合适位置。

（10）2 号杆上作业人员收紧紧线器，使耐张绝缘子串脱离受力状态。

（11）取出耐张绝缘子串耐张线夹侧销钉，将耐张线夹和导线脱离耐张绝缘子串。

（12）将紧线大绳穿过滑轮，与耐张线夹固定牢靠。

（13）杆下人员拉紧大绳，2 号杆上作业人员放松紧线器，使紧线器脱离受力状态。

（14）2 号杆上作业人员松开紧线器导线侧的紧线钳头。杆下人员松线。

（15）1 号杆上作业人员起吊剪线钳，在新旧导线连接点与耐张线夹之间将旧导线剪断。将耐张线夹内的旧导线拆除。

（16）2 号杆杆下人员牵引大绳，杆上人员将导线通过滑轮时遇到的耐张线夹和连接点过渡。逐步将旧导线全部牵引至 2 号杆杆下。

（17）1 号杆上作业人员在新导线上安装耐张线夹，留够跳线长度。

（18）2 号杆杆下人员拉紧大绳，杆上作业人员将紧线器的紧线钳头夹紧在新导线合适位置。收紧紧线器，使大绳脱离受力状态。

（19）直线杆人员将导线放在针式绝缘子导线槽内，2 号杆继续紧线，杆上作业人员调整弛度至合适的程度，地面人员和杆上人员观察三条导线弛度一致。

（20）杆上作业人员用吊绳吊上新耐张线夹，在新导线合适的位置安装，挂在耐张绝缘子串上，穿入销钉。

（21）杆上作业人员松开紧线器，使耐张绝缘子串呈受力状态。紧线器脱离受力状态。

（22）1 号杆和 2 号杆连接接续线夹，直线杆人员将导线绑扎紧导线，拆除紧线器等物品并用吊绳放至地面。

（23）杆上作业人员清扫完绝缘子，携带吊绳下杆。

（24）地面人员整理、清点工具、材料、结束工作。

4. 安全及注意事项

(1) 根据道路情况设置安全围栏、警告标志或路障，防止无关人员进入工作现场。

(2) 杆上人员安全带应系在牢固的构件上，选择所需工作点的合适位置，站稳。

(3) 在杆上作业，任何工具、材料要用绳索传递，防止高空落物，严禁高空抛物。

(4) 上杆前检查杆根、检查拉线。

(5) 杆上人员安全带应系在牢固的构件上。

(6) 工作时，作业人员要注意检查绝缘子串连接情况。

(7) 绝缘子串收紧及松弛时，应认真检查绝缘子串及金具的连接情况，确认金具弹簧销及球头确已连接到位且齐全，确无问题才能工作，发现异常时应采用补强措施。

(8) 绝缘子串受力前，应逐个检查金具、弹簧销、销针及球头完备及确已到位，当绝缘子完全承力后，方可拆掉紧线工具。

(9) 架空配电线路紧线方法一般采用单线紧线法、双线紧线法。单线紧线法先紧中相线，后紧两边相线；两边线紧线时任一边相紧线不能过紧，以免拉斜横担，待另一边相紧好后，再逐相调节。双线紧线法是先将两边相导线同时收紧后，再紧中相，待三相全部紧起后逐相调节。紧线前，应检查有无障碍物卡住或勾住导线等情况，两端耐张的临时拉线或永久拉线是否可靠，牵引设备是否准备就绪，紧线操作人员及紧线所须工具是否齐全。

(10) 紧线时，应防止紧线器卡伤裸绞线或绝缘线的绝缘层。通知沿线各杆位人员做好准备，准备就绪后发令紧线，紧到一定程度，杆上人员进行弛度观测。

(11) 观测驰度（弧垂）时应待导线处于稳定后进行，配电线路施工常用等长法（平行四边形法）观测。架设新导线时，应考虑导线塑性伸长对弧垂的影响，一般采用减小弧垂法补偿，弧垂减小的百分数为：

1) 铝绞线、铝芯绝缘线为20%。

2) 钢芯铝绞线为12%。

(12) 导线紧好后，弧垂的误差不应超过设计弧垂的±5%，在一个耐张段内各相导线的弧垂宜一致；水平排列的导线弧垂相差不应大于50mm。

(13) 导线与紧线大绳、新旧导线应绑扎牢靠，防止导线滑落。

(14) 地面作业人员应戴好安全帽。

5. 危险点

导线滑落，高空落物，绝缘子掉串伤人，高空坠落。

七、修补导线

修补导线作业分为放线在地面修补和使用斗臂车修补两种。

运行中的导线断股损伤的处理方法见表 4-2。

表 4-2　　　　　　　运行中的导线断股损伤的处理方法

处理方法 导线类型	锯　断　重　接	补　　修	缠　　绕
钢芯铝绞线	钢芯断股；铝截面损伤大于铝股总面积的25%	铝截面损伤占铝股总面积的7%～25%	铝截面损伤小于铝股总面积的7%
单金属绞线	断股损伤面积大于总面积的17%	断股损伤面积占总面积的7%～17%	断股损伤面积小于总面积的7%

1. 放线在地面修补

放线在地面修补的放线、紧线基本工序与上述更换导线基本相同，只是在导线放至地面后，用扎线或预绞丝等材料修补需缠绕处理的导线，对需修补的导线部分附线、补修管、预绞丝处理，对需锯断重接的进行重接处理。之后再按照紧线步骤将导线紧起。

2. 使用斗臂车修补

（1）人员组合：本项目需 3 人。工作负责人 1 人，斗臂车作业人员 1 人，地面作业人员 1 人。

（2）所需主要工器具：斗臂车 1 辆，安全带 1 副，扎线或预绞丝，个人工具等。

（3）操作步骤

1）检查斗臂车。

a. 斗臂车停到最佳位置；

b. 认真检查斗臂车表面状况；

c. 作业人员进入工作斗前检查液压系统。

2）进入工作斗。

a. 斗内电工携带工器具进入工作斗，将工器具分类放在斗中和工具袋中。

b. 斗内电工系好安全带。

c. 上升工作斗，将工作斗升至需修补的导线损伤处。

3）修补导线。

a. 用扎线或预绞丝等材料修补导线。

b. 修补完毕后，如是绝缘导线，应用绝缘胶带恢复绝缘。

4）工作斗返回地面，取出斗内所有物件。

5）清理工具和现场。

（4）补修的安全及注意事项。

1）根据道路情况设置安全围栏、警告标志或路障，防止无关人员进入工作现场。

2）在斗臂车上作业，防止高空落物。

3）地面作业人员应戴好安全帽。

4）补修管修补是压接修补，用于大面积导线，补修管由两片组成。有斜口面，可先将要修补的导线部位用棉纱擦干净，如有泥沙要去掉，严禁有水，有水的要用汽油冲洗，将损伤处的线股先恢复原绞制状态，让汽油挥发、变干后，将擦净的补修管大片套在导线上，再将小片沿斜口插入。补修管中心部位要对正导线损伤严重的位置。

采用爆压：用塑料胶带缠两层，然后包两层黄板纸（浸透过的）再缠一层塑料胶带，然后按要求缠导爆索，进行爆压。

采用液压：直接用液压工具按照工艺进行压接。

5）预绞丝修补条与预绞丝护线条的规格一样，只是长度不同，约为护线条的 1/3，安装很方便，不需要携带工具，安装时将单根补修条从中心向两端缠绕，预绞丝应紧靠导线，缠绕角不应超过预绞丝的捻角，即 20°左右。

a. 将受伤处线股处理平整；

b. 预绞丝长度不得小于 3 个节距；

c. 预绞丝应与导线紧密接触，其中心应位于损伤最严重处，并将损伤部位全部覆盖。

6）导线重新接头的损伤处理的注意事项。连续损伤虽在补修范围内，但其损伤长度已超过一个补修金具，所能补修的长度、金钩、破股已使钢芯或内层线股形成无法修复的永久变形；就必须锯断重新接头。

开断重新接头有搭接和对接两种，搭接一般用于规格为 LGJ-240 及以下的导线。对接用于规格为 LGJ-300 及以上的导线。钢绞线则根据设计要求既可搭接，也可对接。导地线连接应使用现行电力金具标准规定的各种连接管。

将损伤的导线开断重新接头采用爆压连接时，其工艺可分为切割导地线、清洗导地线及压接管、做爆压管保护层、缠绕导爆索、穿线、爆压等工序。

a. 切割导地线：切割前应详细检查，切线时应在线的切口两边用绑线扎牢，以防散股，切口平面要与线轴垂直，且切口要整齐，要特别注意，不要切伤钢芯。切割钢绞线和切割镀芯钢绞线时，应用钢锯锯断，并将锯口处毛刺用锉刀锉光，以利穿线。

b. 清洗导地线及压接管：导地线及压接管的连接部分应用汽油清洗干净，不得有残存的泥污及其他脏物，不得沾触水分。如沾触水分，则必须擦干净。改建和维修工程的旧线，应清除其连接部分表面的氧化膜。

c. 做爆压管保护层：为了使爆压管爆压后表面美观、光洁，并防止烧伤，所有铝管表面都必须加保护层。使用导爆索时可将黄板纸浸透后在管外包 2～3 层，也可用塑料带在管外包 5～6 层，再缠一层黑胶布或塑料带。包缠时，力求紧密均匀。

d. 缠绕导爆索。按各种不同的管型要求的不同尺寸紧密缠绕，缠绕方向须与保护层的缠绕方向一致。

e. 穿线。穿线前应仔细检查爆压管和导地线的型号规格是否一致，管及线应清洁。由于连接方式不同，穿线的要求、工序也不同。

（a）钢绞线压接管穿线。穿线前应在钢绞线上量出压接管口的位置，并作明显的标志，将散股复原，保持钢绞线原来的节距。连接方式为对接时，两线必须位于对接管的中心，且必须碰头，当线头穿入管内的长度达到后，管口应与钢绞线上的标志重合。如采用自由搭接方式连接时，除搭接部分须散股外，非搭接部分的端头应扎牢（爆压后解去），两线头穿出管外 10mm。

（b）中小截面导线采用圆形搭接管的穿线。导线两端扎牢，不许松股。线头应穿出管外 10mm，铝衬垫条两端伸出的长度应相等。

（c）钢芯铝绞线直线对接爆压管的穿线。穿线前，在铝线上作出铝管管口位置的标志，穿线时，应先将铝管套在铝线上，然后将钢芯搭接于钢芯管内，内层台阶必须全部穿入钢芯管内，待两头钢芯穿好后，再将铝管拉回到相应的位置，使铝管恰好处在铝线原做好的标志处，并使钢芯管和铝管的中心重合。

f. 爆压。爆压应将缠好导爆索的压接管连同钢芯铝绞线或钢绞线，用支架或其他方式牢固地支撑起来。压接管距地面的距离不得小于 1m。爆压结束后，就将管外的残留的保护层，清除干净，严格检查管表面有无裂纹、烧伤、鼓包、弯曲及缠爆等外部缺陷，并在规定部位测量爆后缩径，以鉴定爆压质量。

7）施工注意事项。

a. 对导地线的修补处理时应仔细小心，以免把损伤程度扩大，处理后需满足规定的要求。

b. 施工中爆压件的外观检查。爆压后，如有下列情况就割断重接。

（a）管外导地线明显损伤。

（b）爆压穿孔、裂纹、大截面导线线头未穿到规定位置。

（c）钢芯管中心偏移铝管中心，从而引起任何一端导线上标志与铝管端头之间偏差超过 4mm。

（d）铝爆压管表面烧伤总面积超过 10%，或烧伤深度、大面积导线爆压管超过 1mm 的总面积超过 5%，中小截面导线长圆形搭接管超过 0.5mm 的总面积超过 5%，爆压管上两层炸药部分发生残爆的。

c. 压接后钢连接管表面应涂防锈漆。

3. 危险点

斗臂车倾覆，高空落物，高空坠落。

八、更换接续线夹

1. 人员组合

本项目需 3 人。工作负责人 1 人，高空作业人员 1 人，地面作业人员 1 人。

2. 所需主要工器具

脚扣 1 副，安全带 1 副，吊绳 1 根，个人工具，接续线夹等。

3. 操作步骤

（1）核对线路名称、地点、电杆编号，是否停电，检查杆根是否牢固，电杆是否有裂纹。

（2）仔细检查脚扣各部位有无断裂、锈蚀现象，并对安全带、登杆工具做冲击试验。

（3）登杆作业的操作人员应选择所需工作点的合适位置，站稳、系好安全带，起吊新接续线夹，拆除损坏的接续线夹。

（4）把支线插入新接续线夹，拧紧紧固螺栓。

（5）将旧线夹吊下，人员携带吊绳下杆。

4. 安全及注意事项

（1）根据道路情况设置安全围栏、警告标志或路障，防止无关人员进入工作现场。

（2）杆上人员安全带应系在牢固的构件上。

（3）在杆上作业时，任何工具、材料要用绳索传递，防止高空落物，严禁高空抛物。

（4）按照需接续导线的规格选择合适的线夹。

（5）线夹一定要将导线卡到位。

5. 危险点

高空落物、高空坠落。

九、加装拉线

拉线的选择要考虑与所拉导线的线径基本相符，拉线的绝缘子应装在最低导线以下，高于地面 3m 以上的部位。拉线的角度与地面成 30°～60°。拉线坑深度不得小于 2m。

1. 人员组合

本项目需 3 人。工作负责人 1 人，高空作业人员 1 人，地面作业人员 1 人。

2. 所需主要工器具

脚扣 1 副，安全带 1 副，吊绳 1 根，个人工具，紧线器（收线车），断线钳，楔型线夹，

UT 型线夹，钢绞线，拉线绝缘子，拉线抱箍，U 型环，安全警示牌等。

3. 操作步骤

(1) 楔型线夹制作（上把）。

1）将上段钢绞线从线夹套筒小孔穿入，用钢卷尺量取钢绞线弯曲的位置（300～500mm）。

2）脚踏主线，右手拉线头，左手控制弯曲部位，弯曲钢绞线，呈水滴状。

3）用膝盖顶住钢绞线外侧，反向弯曲主线、尾线，使其呈开口销状（防止出现急弯）。

4）尾线从线夹套筒大孔穿入。注意：尾线要从线夹套筒大孔斜面穿入。

5）塞入楔块，用榔头敲紧，楔子与钢绞线结合紧密，不得有间隙。

6）主线与尾线用 10 号铁丝绑在一起（或用钢丝绳扎头固定），尾线长度 300mm，绑扎长度 30～50mm。

7）将主线的另一端穿过绝缘子，用钢丝绳扎头固定，尾线长度 300mm。绝缘子的另侧孔在拉线的内侧。

8）将下段钢绞线的一端穿过绝缘子，与上段钢绞线相抱交叉，用钢丝绳扎头固定，尾线长度 300mm。

9）杆上人员登杆至合适位置，用吊绳起吊拉线抱箍和 U 型环，在下层和上层导线之间安装拉线抱箍和 U 型环，U 型环对正拉线坑。

10）起吊拉线，在杆上 U 型环上安装拉线的上楔型线夹。

(2) UT 型线夹制作（下把）。

1）杆上人员下杆，拉紧拉线和紧线器，紧线器铁线一端固定在拉线棒上，再用紧线器夹头夹住钢绞线收紧。

2）拉起 UT 型线夹，量出钢绞线长度画印（留足尾线 500mm），剪断多余部分钢绞线。

3）将钢绞线从 UT 型线夹小孔穿入，确定钢绞线弯曲的顶点位置，弯曲钢绞线。

4）弯曲主线、尾线呈开口状，尾线从 UT 型线夹大孔斜面穿入，塞入楔子。

5）用榔头敲紧线夹。

6）UT 型线夹的 U 型螺杆穿入扳柱抱箍内，再与 UT 型线夹连接，装上平垫圈、螺母。

7）用 10 号铁丝绑扎钢绞线主线、尾（头）线，尾线长度 500mm，绑扎长度 30～50mm。

8）卸掉紧线卡头、紧线器。

9）用扳手拧螺母，调节拉线松紧至适宜。

10）加双螺母拧紧，U 型螺杆出丝不少于 3 牙，长度不超过丝牙长度的 1/3。

(3) 安全及注意事项。

1）根据道路情况设置安全围栏、警告标志或路障，防止无关人员进入工作现场。

2）杆上人员安全带应系在牢固的构件上。

3）在杆上作业，任何工具、材料要用绳索传递，防止高空落物，严禁高空抛物。

4）工作人员在杆上作业一定要踏稳、系好安全带，工具材料要用绳索传递，禁止高空抛物。

5）制作拉线时，应防止钢绞线反弹伤人。

6）使用收钢绞线的专用工具。

4. 危险点

高空落物、高空坠落。

◉ 第三节　配电线路设备的典型检修作业项目

一、更换跌落式熔断器

1. 人员组合

本项目需 3 人。工作负责人 1 人，高空作业人员 1 人，地面作业人员 1 人。

2. 所需主要工器具

10kV 绝缘操作杆 1 根，低压验电器 1 支，接地线 1 组，跌落式熔断器及脚扣 1 副，安全带 1 副，吊绳 1 根，个人工具等。

3. 操作步骤

(1) 现场核对线路名称、杆号、变压器编号，线路是否停电，设置安全围栏。

(2) 杆上作业人员登杆。

(3) 杆上作业人员登至合适工作位置，起吊工具材料。

(4) 在高压引下线验电、挂接地线。

(5) 低压侧接地：在低压隔离开关出线端、变压器零线桩头验电，挂接地线。

(6) 拆除旧跌落式熔断器上端和下端引接线。

(7) 卸下旧跌落式熔断器。

(8) 换上新跌落式熔断器并固定。

(9) 恢复跌落式熔断器上端和下端引接线。

(10) 检查：跌落式熔断器的安装符合结束标准，试验分、合正常，然后使所有跌落式熔断器处于断开状态。

(11) 拆除接地线：拆除低压侧接地线，作业人员撤离台架。

(12) 高压引下线送电。

(13) 配电变压器送电。

(14) 观察新跌落式熔断器带电情况若无异常则工作结束。

4. 安全及注意事项

(1) 根据道路情况设置安全围栏、警告标志或路障，防止无关人员进入工作现场。

(2) 杆上人员安全带应系在牢固的构件上。

(3) 在杆上作业，任何工具、材料要用绳索传递，防止高空落物，严禁高空抛物。

(4) 工作人员在杆上作业一定要踏稳、系好安全带，工具材料要用绳索传递，禁止高空抛物。

(5) 防止误碰带电导线。

(6) 操作前应认真检查安全工器具，必须按操作票认真核对设备名称、编号和位置。

(7) 操作中发生疑问时，必须停止操作，待疑问弄清楚后再进行操作。

(8) 作业人员站在配电变压器台架上工作时，应系好安全绳，防止高空落物，禁止脚踏踩接线桩头，注意保护绝缘瓷套管。

(9) 新、旧熔断器吊装前，地面人员装上熔丝试分合数次。熔管要转动灵活，合跌落式熔断器时动触头要合到位，与静触头接触良好，否则应进行必要调整。

5．危险点

误碰带电设备，高空坠落。

二、更换配电变压器

1．人员组合

本项目需5人。工作负责人1人，高空作业人员3人，地面作业人员1人。

2．所需主要工器具

吊车1台，专用钢丝绳套1副，拉绳1条，10kV绝缘操作杆1根，验电器1支，接地线1组，安全带3副，吊绳1根，个人工具等。

3．操作步骤

（1）现场核对线路名称、杆号、配电变压器编号，设置安全围栏。

（2）吊车落位：吊车停至适当位置，下脚支稳。

（3）断开低压侧隔离开关，操作三相的先后顺序依次为：中相——下风相——上风相；断开高压跌落式熔断器，操作三相的先后顺序依次为：中相——下风相——上风相。

（4）杆上作业人员登上主、副杆。

（5）低压侧验电接地。

（6）高压引下线验电接地。

（7）拆卸配电变压器上的接线：台架上的作业人员拆卸配电变压器高、低压桩头上的引线及外壳接地线，拆卸影响起吊的配电变压器过桥小母线。

（8）吊臂落位：吊车转动吊臂，注意与高压引线的距离，吊钩停在变压器正上方。

（9）系短钢丝绳套：台架上作业人员在10kV变压器上挂好短钢丝绳套并挂上吊车吊钩。在变压器外壳下部系一根控制拉绳。

（10）拆卸固定配电变压器的固定器或铁线。

（11）被替换变压器起吊：由工作负责人统一指挥，吊起被替换变压器，移离台架。台架上作业人员与地面负责控制拉绳人员要互相配合，控制变压器的摆动，防止碰撞。

（12）重复上述相反过程，将新装变压器吊上台架，居中、落位放稳。

（13）用固定器或铁线固定配电变压器。

（14）恢复配电变压器的引线及接地线。

（15）清洁变压器及套管。

（16）地面作业人员负责将被替换的变压器装车捆牢准备起运，吊车收脚撤离现场。

（17）杆上作业人员拆除高、低压引线上的接地线。

（18）配电变压器送电：关合高压跌落式熔断器，操作三相的先后顺序依次为：上风相——下风相——中相；关合低压隔离开关，操作各相的先后顺序依次为：上风相——下风相——中相。

（19）整理现场、清理工具，工作完毕。

4．安全及注意事项

（1）根据道路情况设置安全围栏、警告标志或路障，防止无关人员进入工作现场。

（2）杆上人员安全带应系在牢固的构件上。

（3）在杆上作业，任何工具、材料要用绳索传递，防止高空落物，严禁高空抛物。

（4）工作人员在杆上作业一定要踏稳、系好安全带，工具材料要用绳索传递，禁止高空抛物。

（5）防止误碰带电导线。

（6）有雷电时，严禁进行高压跌落式熔断器的拉合。

（7）吊车起吊过程由专人统一指挥。起吊前，应使吊车脚支立平稳，四脚受力均匀。起吊中，吊臂下严禁站人，吊臂和变压器距跌落式熔断器及以上带电部位保持 2m 以上安全距离。起重吊绳的安全系数为 5～6，如遇断股、抽丝、麻芯损坏的吊绳，应立即换掉。

（8）吊起变压器前应检查各承力点、钢丝绳受力情况。

（9）起落变压器中，杆上协助起吊落位人员要系安全带，选好工作位置，防止砸、挤伤。

（10）无油枕配电变压器投运前要卸除压力释放器的保险片。

（11）变压器在运输过程中要放好捆牢。

（12）工作过程中，严格控制活动范围始终在预定区域内，即在地线的保护中。

（13）工作完成后应仔细检查，确保分接开关到位正确。

（14）工作汇报结束后任何情况下，工作人员不得再靠近设备。

（15）对照地线和短路线数量，检查所有地线、短路线拆除情况。

（16）操作人员在摘挂熔管时，禁止跌落式熔断器下方有人。

（17）工作中加强监护。

5. 危险点

吊臂碰线、钢丝绳套脱钩、挤压伤人。

三、更换柱上断路器

1. 人员组合

本项目需 5 人。其中工作负责人 1 人，吊车司机 1 人，杆上作业人员 2 人，地面电工 1 人。

2. 作业所需主要工器具

吊车 1 台（或三联滑轮组），专用钢丝绳套，白棕绳、拉绳各 1 条，10kV 绝缘操作杆 1 根，验电器 1 支，接地线 1 组，安全带 2 副，柱上断路器等。

3. 操作步骤

（1）现场核对线路名称、杆号、配电变压器编号，设置安全围栏。

（2）吊车停至适当位置，下脚支稳。

（3）确定线路已经停电，杆上作业人员 2 人登杆至合适的位置，验电、挂接地线。

（4）拆卸柱上断路器上的接线：拆卸桩头上的引线及外壳接地线。

（5）绳索起吊专用短钢丝绳套，如无吊车则起吊三联滑轮组。

（6）吊臂落位：吊车转动吊臂，使吊臂伸入横担下方与柱上断路器之间的位置，吊钩停在柱上断路器正上方（将三联滑轮组固定在柱上断路器上方的横担穿心螺栓上）。

（7）系短钢丝绳套：作业人员在柱上断路器上挂好短钢丝绳套并挂上吊车（三联滑轮组）吊钩。在柱上断路器外壳下部系一根控制拉绳。

（8）拆卸固定柱上断路器在支架上的固定螺栓。

（9）由工作负责人统一指挥（地面人员拉紧三联滑轮组），吊起被替换柱上断路器，移离支架。作业人员与地面负责控制拉绳人员要互相配合，控制柱上断路器的摆动，防止碰撞。吊车（地面人员慢松三联滑轮组）将柱上断路器放置地面。

（10）重复上述相反过程，将新装柱上断路器吊上支架，落位放稳。

（11）用螺栓固定柱上断路器。

（12）恢复桩头上的引线及外壳接地线。

（13）清洁套管。

（14）地面作业人员负责将被替换的柱上断路器装车捆牢准备起运，吊车收脚撤离现场。

（15）杆上作业人员拆除接地线。

（16）检查柱上断路器分合闸位置，杆上作业人员下杆。

（17）整理现场、清理工具，工作完毕。

4. 安全及注意事项

（1）根据道路情况设置安全围栏、警告标志或路障，防止无关人员进入工作现场。

（2）杆上人员安全带应系在牢固的构件上。

（3）在杆上作业，任何工具、材料要用绳索传递，防止高空落物，严禁高空抛物。

（4）工作人员在杆上作业一定要踏稳、系好安全带，工具材料要用绳索传递，禁止高空抛物。

（5）防止误碰带电导线。

（6）有雷电时，严禁进行登杆工作。

（7）吊车起吊过程由专人统一指挥。起吊前，应使吊车脚支立平稳，四脚受力均匀。起吊中，吊臂下严禁站人。起重吊绳的安全系数为 5～6，如遇断股、抽丝、麻芯损坏的吊绳，应立即换掉。

（8）吊起柱上断路器前应检查各承力点、钢丝绳受力情况。

（9）起落柱上断路器中，杆上协助起吊落位人员要系安全带，选好工作位置，防止砸、挤伤。

（10）工作过程中，严格控制活动范围始终在预定区域内，即在地线的保护中。

（11）工作汇报结束后任何情况下，工作人员不得再靠近设备。

（12）对照地线和短路线数量，检查所有地线、短路线拆除情况。

5. 危险点

吊臂碰线、钢丝绳套脱钩、挤压伤人。

四、更换柱上隔离开关

1. 人员组合

本项目需 3 人。其中工作负责人 1 人，杆上作业人员 1 人，地面电工 1 人。

2. 作业所需主要工器具

吊绳 1 条，10kV 绝缘操作杆 1 根，验电器 1 支，接地线 1 组，安全带 1 副，隔离开关，个人工具等。

3. 操作步骤

（1）核对线路名称、杆（塔）编号、是否停电。

（2）检查杆体与杆根部是否牢固，有无裂纹。

（3）杆上作业人员登杆。

（4）杆上作业人员登至合适工作位置，验电、挂接地线。

（5）拆除隔离开关两侧连接引线的螺栓，将引线拆开。

（6）拆除固定隔离开关的螺栓，拆下隔离开关。

（7）用吊绳放下隔离开关，吊上合格的隔离开关。

（8）按照相反的顺序安装新隔离开关。

（9）安装隔离开关两侧引线。

（10）作业人员清扫完隔离开关，拆除地线，携带吊绳下杆。

（11）地面人员整理、清点工具、材料、结束工作。

4．安全及注意事项

（1）根据道路情况设置安全围栏、警告标志或路障，防止无关人员进入工作现场。

（2）杆上人员安全带应系在牢固的构件上。

（3）在杆上作业，任何工具、材料要用绳索传递，防止高空落物，严禁高空抛物。

（4）工作人员在杆上作业一定要踏稳、系好安全带，工具材料要用绳索传递，禁止高空抛物。

（5）防止误碰带电导线。

（6）吊装的隔离开关应绑扎牢靠，起吊或下落前检查绳头系扣状况，防止绳头滑落。

（7）注意闸嘴侧接电源，刀片侧接负荷。

5．危险点

高空落物伤人。

五、更换环网柜

1．人员组合

本项目需 5 人。其中工作负责人 1 人，吊车司机 1 人，作业人员 3 人。

2．作业所需主要工器具

吊车 1 辆，专用钢丝绳套 1 副，备用肘型头，专用拆卸肘型头的工具，焊枪，个人工具等。

3．操作步骤

（1）现场核对线路名称、编号，设置安全围栏。

（2）吊车落位：吊车停至适当位置，下脚支稳。

（3）确认上级电源已经停电，且做好安全措施，各出线均已采取安全措施。

（4）拆卸环网柜的所有电缆接线，将电缆全部退入环网柜基础内，拆除环网柜的接地线。

（5）用焊枪将环网柜与基础的焊点割开。

（6）吊臂落位：吊车转动吊臂，吊钩停在环网柜正上方。

（7）系钢丝绳套：作业人员在环网柜上挂好钢丝绳套并挂上吊车吊钩。

（8）被替换环网柜起吊：由工作负责人统一指挥，吊起被替换环网柜，移离基础。

（9）重复上述相反过程，将新装环网柜吊上基础，对正落位放稳。

（10）用焊枪将环网柜与基础焊牢。

（11）恢复环网柜的电缆接线及接地线。

（12）将被替换的环网柜装车捆牢准备起运，吊车收脚撤离现场。

（13）整理现场、清理工具，工作完毕。

4. 安全及注意事项

（1）根据道路情况设置安全围栏、警告标志或路障，防止无关人员进入工作现场。

（2）防止误碰带电设备。

（3）吊装的环网柜应绑扎牢靠。起吊或下落前检查绳头系扣状况，防止绳头滑落。

（4）吊车起吊过程由专人统一指挥。起吊前，应使吊车脚支立平稳，四脚受力均匀。起吊中，吊臂下严禁站人。起重吊绳的安全系数为 5～6，如遇断股、抽丝、麻芯损坏的吊绳，应立即换掉。

（5）吊起环网柜前应检查各承力点、钢丝绳受力情况。

（6）焊接应专业人员进行，防止起火、伤人。

（7）工作完成后应仔细检查，确保环网柜气压正常。

5. 危险点

吊臂碰线、钢丝绳套脱钩、挤压伤人。

六、更换箱式变电站

1. 人员组合

本项目需 5 人。其中工作负责人 1 人，吊车司机 1 人，作业人员 3 人。

2. 作业所需主要工器具

吊车 1 辆，专用钢丝绳套 1 副，备用肘型头，专用拆卸肘型头的工具，焊枪，个人工具等。

3. 操作步骤

（1）现场核对线路名称、编号，设置安全围栏。

（2）吊车落位：吊车停至适当位置，下脚支稳。

（3）确认上级电源已经停电，且做好安全措施，各出线均已采取安全措施。

（4）拆卸箱式变电站的所有高低压电缆接线。将电缆全部退入环网柜基础内。拆除环网柜的接地线。

（5）用焊枪将箱式变电站与基础的焊点割开。

（6）吊臂落位：吊车转动吊臂，吊钩停在箱式变电站正上方。

（7）系钢丝绳套：作业人员在箱式变电站上挂好钢丝绳套并挂上吊车吊钩。

（8）被替换箱式变电站起吊：由工作负责人统一指挥，吊起被替换箱式变电站，移离基础。

（9）重复上述相反过程，将新装箱式变电站吊上基础，对正落位放稳。

（10）用焊枪将箱式变电站与基础焊牢。

（11）恢复箱式变电站的电缆接线及接地线。

（12）将被替换的箱式变电站装车捆牢准备起运，吊车收脚撤离现场。

（13）整理现场、清理工具，工作完毕。

4. 安全及注意事项

（1）根据道路情况设置安全围栏、警告标志或路障，防止无关人员进入工作现场。

（2）防止误碰带电设备。

（3）吊车起吊过程由专人统一指挥。起吊前，应使吊车脚支立平稳，四脚受力均匀。起吊中,吊臂下严禁站人。起重吊绳的安全系数为5~6,如遇断股、抽丝、麻芯损坏的吊绳,应立即换掉。

(4) 吊起箱式变电站前应检查各承力点、钢丝绳受力情况。

(5) 焊接应专业人员进行,防止起火、伤人。

(6) 工作完成后应仔细检查,确保箱式变电站分接开关到位正确。

5. 危险点

吊臂碰线、钢丝绳套脱钩、挤压伤人。

七、更换箱式变电站内保险

分为欧式和美式箱式变电站两种。

(一) 美式箱式变电站

1. 人员组合

本项目需2人。其中工作负责人1人,作业人员1人。

2. 作业所需主要工器具

10kV专用绝缘操作杆,低压验电器,专用保险,个人工具等。

3. 操作步骤

(1) 现场核对线路名称、箱式变电站编号,设置安全围栏。

(2) 断开箱式变电站低压总开关,将低压总开关小车摇至试验位置。

(3) 用10kV专用绝缘操作杆断开箱式变电站高压侧开关。

(4) 用10kV专用绝缘操作杆将保险扣盖打开,取出要更换的保险。

(5) 用10kV专用绝缘操作杆安装好新保险,将保险扣盖扣好。

(6) 用10kV专用绝缘操作杆合上箱式变电站高压侧开关。

(7) 将低压总开关小车摇至运行位置,合上箱式变电站低压总开关。

(8) 检查:用低压验电笔在低压侧验电无误。

4. 安全及注意事项

(1) 根据道路情况设置安全围栏、警告标志或路障,防止无关人员进入工作现场。

(2) 防止误碰带电设备,严格执行操作票制度。

(3) 操作前应认真检查安全工器具,必须按操作票认真核对设备名称、编号和位置。

(4) 操作中发生疑问时,必须停止操作,待疑问弄清楚后再进行操作。

(5) 必须严格执行先断低压,后操作高压的程序。

5. 危险点

高压触电,低压触电,未停运低压设备更换高压保险。

(二) 欧式箱式变电站

1. 人员组合

本项目需2人。其中工作负责人1人,作业人员1人。

2. 作业所需主要工器具

绝缘手套,10kV专用绝缘操作杆,低压验电器,专用保险,个人工具等。

3. 操作步骤

(1) 现场核对线路名称、箱式变电站编号,设置安全围栏。

(2) 断开箱式变电站低压总开关,将低压总开关小车摇至试验位置。

(3) 断开箱式变电站变压器高压侧开关。

(4) 用高压验电器在保险上侧验明无电。

(5) 取出要更换的保险。

(6) 安装好新保险。

(7) 合上箱式变电站变压器高压侧开关。

(8) 将低压总开关小车摇至运行位置，合上箱式变电站低压总开关。

(9) 检查：用低压验电笔在低压侧验电无误。

4. 安全及注意事项

(1) 根据道路情况设置安全围栏、警告标志或路障，防止无关人员进入工作现场。

(2) 防止误碰带电设备。严格执行操作票制度。

(3) 操作前应认真检查安全工器具，必须按操作票认真核对设备名称、编号和位置。

(4) 操作中发生疑问时，必须停止操作，待疑问弄清楚后再进行操作。

(5) 必须严格执行先断低压，后操作高压的程序。

5. 危险点

高压触电，低压触电，未停运低压设备更换高压保险。

八、更换箱式变电站内低压空气开关

1. 人员组合

本项目需 2 人。其中工作负责人 1 人，作业人员 1 人。

2. 作业所需主要工器具

绝缘手套，低压验电器，低压空气开关，个人工具等。

3. 操作步骤

(1) 现场核对线路名称、箱式变电站编号，设置安全围栏。

(2) 断开箱式变电站低压总开关，将低压总开关小车摇至试验位置。

(3) 用低压验电笔在低压侧验明无电。

(4) 在要更换的低压空气开关上侧低压母线上挂低压短连线，

(5) 拆除低压出线电缆，拆除要更换的低压空气开关。

(6) 安装新的低压空气开关，接好低压出线电缆。

(7) 拆除低压短连线。

(8) 将低压总开关小车摇至运行位置，合上箱式变电站低压总开关。

(9) 检查：用低压验电笔在低压侧验电无误。

(10) 合上低压空气开关，在出线电缆验明有电。

4. 安全及注意事项

(1) 根据道路情况设置安全围栏、警告标志或路障，防止无关人员进入工作现场。

(2) 防止误碰带电设备。严格执行操作票制度。

(3) 操作前应认真检查安全工器具，必须按操作票认真核对设备名称、编号和位置。

(4) 操作中发生疑问时，必须停止操作，待疑问弄清楚后再进行操作。

(5) 必须严格执行先断低压，后操作高压的程序。

5. 危险点

高压触电，低压触电。

▶ 第四节　配电线路接地电阻测量

一、接地电阻的测量

接地装置的接地电阻大小，是决定该接地装置是否符合要求的主要条件。对新装或运行中的接地装置必须定期检测，将测量数值与原测试记录和规定值比较，这是确定该接地装置是否合格和检修与否的依据，这对保证安全运行是至关重要的。

接地电阻测量的方法较多，一般工程中常用的有电压、电流表法及专用接地电阻法。

二、电压、电流表法

这种方法现场基本上不用，在此不作介绍。

三、接地电阻表法

接地电阻表是专门测量接地电阻的仪表，目前常用的型号有 ZC-8。接地电阻表有 E、P、C 三个接线端子：E 接被测接地装置的接地引线；P 接电压极；C 接电流极。

测量用的其他设备有：接地棒 2 根，3 条引接线。测量时的接线及方法如下。

（1）E 接被测电阻，P 接电压极接地棒，该接地棒距被测电阻不应小于 20m；C 接电流极接地棒，该接地棒距被测电阻的距离不应小于 40m。

（2）将接地电阻表放置平稳，检查检流计是否位于零值（中心位置），如不在零值，可用零位调整器进行调整。

（3）将倍率标度置于最大位置，慢慢摇动摇把，同时调整标度盘，使指针接近于零值的平衡位置，然后加快摇把速度到 120r/min，使指针指于零位，这时标度盘上的标量乘以倍率标度即为接地电阻值。

四、测量接地电阻的注意事项

（1）测量时需将被测接地装置与电气设备断开，以防将测量电压反馈到电气设备上引起事故。

（2）避免雨后立即测量。

（3）为了减少测量误差，电流极、电压极、被测接地体应成直线排列，如因地形限制可作三角形排列，夹角不应小于 60°，并需满足：

1）接地体至电压极的距离不应小于 20m。

2）接地体至电流极的距离不应小于 40m。

五、降低接地电阻的措施

（1）尽量采用自然接地体。

（2）接地体应尽可能埋设在土壤电阻较低的土层内，若杆塔下土壤电阻率高，而附近有较低土壤电阻率的土层时，可以用接地线引至低土壤电阻率处再做集中接地，但引线长度不宜超过 60m。

（3）对土壤电阻率高处可考虑用换土的方法。

（4）改变接地体的形式。

（5）采用降阻剂。

六、配电变压器接地电阻的测量

1. 作业项目

运行中配电变压器接地电阻测量。

2. 人员分工

共 3 人。现场负责人 1 人，接线、操作及记录 2 人。

3. 工具材料

接地电阻测量仪 1 台，探测针 2 根，测试线 5、20、40m 各 1 根（截面不应小于 1.0～1.5mm²），临时接地极 1 副，绝缘手套（测量运行中配电变压器用），扳手，铁榔头。

4. 操作步骤

（1）前期准备工作。

1）工作票手续。

2）现场核对线路名称、杆号、被测配电变压器编号。

3）检查仪器：将仪表平放，静态指针对中。

（2）断开接地极与接地引下线的连接。运行中的配电变压器应先断开接地极与接地引下线的连接，工作接地极退出之前，须用临时接地极替代工作接地极。

（3）将电流、电位测试线接入接地电阻测试仪，可采用三端子接地电阻测量仪或四端子接地电阻测量仪进行测量。

（4）敷设电位线、电流线，并将其对应的探测针插入土壤；接地装置、电位探测针及电流探测针三者间呈直线布置，彼此相距 20m。将探测针、仪器、接地极按接线图用测试线进行连接。

1）接地电阻测量。水平放置仪器，将倍率旋钮置于最大倍数，使指针居中，再平稳加速转动手柄至额定转速 120r/min，指针稳定居中后停止摇动手柄。如测量标度盘的读数小于 1，应重置倍率旋钮于较小的一挡，然后重新测量。

2）读数：盘面中线指示的测量标度盘读数×倍率＝电阻值。记录测量数据、判断接地电阻是否合格。

3）撤除测试线，接地极与接地引下线重新牢固连接。最后断开临时接地极与接地引下线的连接。

4）清理仪表、工具及整理测试记录，工作完毕后履行工作票完工手续。

5. 危险点

零线电压伤人。

6. 安全及注意事项

（1）测量接地电阻工作须在天气晴朗时进行，严禁在雷雨天和雨后测量。

（2）在接地极与接地引下线连接处进行拆、装工作中，必须戴绝缘手套，用接地电阻表测量接地电阻时，人员不得触及被测体，保证人身安全及测量质量。

（3）用榔头砸接地棒时应小心，防止砸空。

（4）规定接地电阻值是任何季节不要超过的最高限度，若测量值大于规定值，必须采取措施降低接地电阻值。

（5）探测针的布置宜取与线路或地下金属管道垂直的方向。

（6）应反复测量接地电阻值 3～4 次，取其平均值。

（7）被测接地电阻小于 1Ω 时，为了消除接线电阻和接触电阻的影响，宜采用四端子接地绝缘电阻表，测量时将 C2 和 P2 的短接片打开，分别用导线接到接地体上，并使 P2 接在靠近接地体的一侧。

（8）各种接地装置的接地电阻值及试验周期见表 4 - 3。

表 4 - 3 　　　　　　　　　各种接地装置的接地电阻值及试验周期

种类	接地装置使用条件		接地电阻值（Ω）	试验周期
6kV 及以上的电气设备	大接地短路电流系统		一般应符合 $R \leqslant 2000/I$；当 $I > 4000A$ 时，可采用 $R \leqslant 0.5$	每 3 年至少一次
	小接地短路电流系统：高、低压设备共享的接地装置仅用于高压设备的接地装置		$R \leqslant 120/I$、$R \leqslant 250/I$，但一般 $\leqslant 10$	每 3 年至少一次
	独立避雷针		工频接地电阻 $\leqslant 10$	每 3 年至少一次
	变、配电站母线上的阀型避雷器		工频接地电阻 $\leqslant 5$	
	两火一地制		一般应符合 $R \leqslant 50/I$，可采用 $R \leqslant 0.5$	
低压电气设备	设备的总容量不超过 100kVA 时重复接地	并联运行电气设备的总容量为 100kVA 以上时	4	每 5 年至少一次
		并联运行电气	10	

？复习思考题

1. 配电线路检修前的准备有哪些？
2. 更换电杆的操作步骤是什么？
3. 更换直线横担的操作步骤是什么？
4. 更换针式绝缘子的操作步骤是什么？
5. 更换导线的操作步骤是什么？
6. 加装拉线的操作步骤是什么？
7. 更换配电变压器的操作步骤是什么？
8. 更换柱上断路器的操作步骤是什么？
9. 测量接地电阻的目的是什么？
10. 测量接地电阻应注意哪些内容？

第五章

配电线路典型故障分析与处理

本章主要介绍架空配电线路常见故障发生的原因及故障分析，以及油浸式变压器、氧化锌避雷器、柱上真空开关、电力电缆等主要设备故障原因的分析。

▶ 第一节　架空配电线路接地故障分析与处理

一、架空线路接地状态分析

架空线路接地分为金属性直接接地、非金属性接地、非金属性接地和高压断相、配电变压器烧损后而接地、金属性瞬间接地 5 种类型，接地特征及表现形式见表 5-1。

表 5-1　　　　　　　　　　架空线路接地特征及表现形式

序号	接地类别	接地特征	接地表现形式
1	金属性直接接地	一相对地电压接近零值，另两相对地电压升高 $\sqrt{3}$ 倍	（1）雷雨天气：绝缘子被雷击穿，或导线被击断，电源侧落在比较潮湿的地面上引起的。 （2）大风天气：金属物被刮到高压带电体上，或为扔在高压设备上金属物被接地，或是避雷器、变压器、跌落式熔断器引线被风刮断落在接地良好的物体上引起的。 （3）良好的天气：外力破坏，如扔金属物或电杆被车撞导线落在接地良好的物体上，或高压电缆击穿等接地
2	非金属性接地	一相对地电压降低，但不是零值，另两相对地电压升高，但没升到 $\sqrt{3}$ 倍	（1）雷雨天气：导线被击断，电源侧落在不太潮湿的地方，也可能树枝在导线上与横担之间形成接地，并伴有放电声及火花。 （2）变压器高压绕组烧断后碰到外壳上或内层严重烧损主绝缘击穿而接地
3	非金属性接地和高压断相	一相对地电压升高，另两相对地电压降低	（1）高压断线点，负荷侧导线落在潮湿的地面上，没断线两相通过负载与接地导线相连，构成非金属性接地，故而对地电压降低，断线相对地电压反而升高。 （2）高压线未落地或落在导电性能不好的物体上，或线路上熔断器熔断一相，如果断开线路较长，造成三相对地电容电流不平衡，促使两相对地电压也不平衡，断线相对地电容电流变小，对地电压相对升高，其他两相相对较低。 （3）配电变压器烧损相绕组碰壳体接地，高压熔丝又发生熔断，其他两相又通过绕组接地，所以烧损相对地电压升高，另两相降低
4	配电变压器烧损后而接地	三相对地电压数值不断变化，最后达到稳定或一相降低另两相升高，或一相升高另两相降低	某相绕组烧损而接地的初期，该相对地电压降低，另两相对地电压升高，当烧损严重后，致使该相与另一相熔丝熔断，虽然切断故障电流但未断开通过绕组而接地，又演变一相对地电压降低，另两相对地电压升高

序号	接地类别	接地特征	接地表现形式
5	金属性瞬间接地	一相对地电压为零值,另两相对地电压升高$\sqrt{3}$倍,但很不稳定,时段时续	(1)扔在高压带电体上金属物及已折断的变压器、避雷器等引线引起接地,由于接触不牢固,时而接触时而离开形成瞬间接地。 (2)高压套管脏污或有缺陷发生闪络放电接地,放电电弧可能是断续的,形成瞬间接地

二、架空线路接地故障查找

1. 人工巡视法

判断出接地类型和重点地段后,可分组对有接地故障的配电线路进行逐杆巡视,在检查设备的同时按照线路分布情况对有树、施工等易发生故障地段进行重点检查,也可向居民进行询问是否有放电等异常现象的发生,如果不是隐性故障一般都能查找到。如果在接地2h后仍未查到接地故障,线路需要停电时,采用询问的方法更为适宜。

2. 分段拉路法

如果接地线路较长,线路上又有分段、分支开关,为尽快查找故障点,经调度许可,可用拉开分段、分支开关办法缩小接地故障范围。在拉路时要考虑保电及对重要客户供电因素。

(1)先拉开分支开关,与调度联系询问线路是否接地,如果仍然接地说明故障点不在该分支线上,应合上该分支线开关恢复供电;如果接地消除,说明接地故障点在该支线上,再通过巡视查找故障点。如果找不到应予以恢复供电,另行查找。

(2)拉开所有分支线开关后,接地故障仍未消除,可拉开线路分段开关,应先拉开末段的分段开关,与调度联系接地是否消除,如未消除,再顺序地向电源侧逐个切除,直至找到故障区段或故障点为止。

(3)拉开开关查找隐形接地:经逐杆查找未查到故障点,可能是隐形接地。电力电缆、高供客户、避雷器、变压器内部接地可能比较大,可逐个拉开其控制开关,停电后用高压试验的方法确定故障点。

3. 用钳形电流表查电缆接地故障

在正常运行情况下,通过电缆的三相电流之和等于零,当电缆中一相接地,则三相电流之和不等于零,故障电缆零序电流明显增大,这样就可以判断该电缆或该电缆配出的高压线有接地现象。

4. 用接地故障测试仪查找接地故障

接地故障探测仪是一只高次谐波(7、9、11、13次谐波)接收器。线路发生单相接地后产生的接地电流,含有高次谐波,并产生相应的磁场,探测仪在接地范围内便可收到高次谐波产生的磁场,在仪器上用数字形式显示出来。接地范围之外高次谐波较弱,故探测仪没有显示,或显示数字较小。

其使用方法为,手持仪器从接地的高压线路首端开始,调整好仪器,沿线路前进,注意仪器指示,若仪器数字突然变大,再前进又变小,说明该段有故障接地。

三、架空线路接地故障的处理

1. 隔离故障点

依照以上方法确认出接地故障区段或故障点，按照影响停电范围最小的原则，通过操作开关对故障区段或故障点进行隔离。

2. 接地故障的处理

按照故障的类别，在做好安全措施的情况下，参照检修项目作业指导书进行故障的处理。

（1）引线或导线断：按照检修工艺要求进行连接或更换。

（2）绝缘子故障：按照检修工艺要求更换处理。

（3）变压器故障：用相同容量的备用变压器进行更换。

（4）电力电缆故障：将故障电缆隔离，有条件的情况下将负荷转移，查找电缆故障点进行处理。

（5）有异物搭在电力设施上：采用斗臂车或登杆的方式，将异物取下。

（6）树木搭在电力设施上：对靠近电力设施的树木进行修剪。

◉ 第二节　架空配电线路短路故障分析与处理

一、配电线路短路故障的分析

配电线路跳闸后，不管重合是否良好，应积极查找故障点并予以消除。

（1）配电运行人员接到故障跳闸后，应询问清楚跳闸线路名称，重合闸动作情况，保护动作情况，并做好记录，以便对故障类型及大致范围进行分析确定。故障跳闸时，速断保护动作，故障点距变电站（发电厂）较近。过流保护动作，故障点距变电站（发电厂）较远。

（2）故障跳闸时，A相与C相保护均动作，应为A、C相短路，或者是三相短路。如果是一相保护动作，应为动作相与B相之间短路。

（3）故障跳闸发生在雷雨季节，绝缘子被雷击穿可能性较大。故障发生在大风天气，配电线路混线或导线被抛挂物短接。

（4）良好天气发生故障跳闸，外力破坏可能性较大。

（5）冬季、夏季负荷高峰期易发生接续点过热引发的断线故障。

（6）汛期易发生电杆基础被冲刷的故障。

二、配电线路短路故障的查找

查找前，要对故障跳闸的种类、断相、保护动作情况进行分析。

（1）可根据保护动作情况来判断故障点区段，判断方式与前相同。

（2）线路分支开关动作，说明故障点在分支开关后段。

（3）重合闸动作，重合闸动作成功，说明故障是瞬时的，不成功说明是永久性故障。

（4）变电站（发电厂）开关与线路分支线开关同时跳闸，线路开关保护动作，重合闸动作成功，说明故障点在分支开关后段。

（5）现场巡视人员按照故障跳闸保护动作情况，分析故障区段，并查看短路故障寻址器变化情况，如寻址器发生翻牌（或发信号）变化则说明故障在其后侧，继续沿线路检查，重点查看树线较近、施工区段、柱上开关、避雷器、刀闸、变压器、跌落开关等，并询问客户是否听到响声或看到放电的现象，确认故障点。

（6）如现场检查未发现明显故障点，可拉开分段开关、分支线开关、客户开关分级试送，如再次引起开关跳闸，则确认故障点在其后则。在实际应用当中不建议采用分级试送的方式查找故障，因为会造成短路电流对系统的再次冲击。

三、配电线路短路故障的处理

确认了故障区段仍未发现明显故障点，需要隔离故障区段，做好安全措施，对设备进行绝缘试验，找到故障设备，迅速处理。处理方法与接地故障处理情况相同。

▶ 第三节　配电线路缺相的分析与处理

一、配电线路缺相原因分析

（1）在较长的高压分支线路上装的跌式开关熔断器一相熔断或掉一相，这大多是安装质量不良或熔丝容量不够引起的。有时，负荷侧高压线路短路也能引起熔断器熔断一相。

（2）过引线接点（包括柱上开关、刀闸、电缆与导线、导线与导线接续点）接触不好，在大负荷或短路电流冲击下烧断，一般多发生在高峰负荷季节。

（3）外力破坏引起断线，但未引起短路或短路后重合良好。

（4）导线有伤，没有及时处理，在大风天气或气温较低时发生断线。

（5）导线弧垂过小，气温低时断线故障多发生在截面较小的铝导线上。

二、配电线路断线点的判断

（1）如果用户仅反映高压有缺相现象，变电站绝缘监视又出现三相对地电压不平衡，说明断线的线路较长。

（2）如果出现缺相故障前，线路曾发生过跳闸重合良好，说明缺相可能由短路故障引起的。可进一步查保护动作情况（查速断保护还是过流保护动作）来判断故障点距首段大致距离。

（3）通过电话或现场询问可判断故障点范围。

三、配电线路断线点的处理

配电线路断线一般分为接续连接部分断线和导线本体断线两种，处理断线点故障，要在做好安全措施的前提下，按照不同情况进行处理。

（1）接续连接部分断线：一般更换接续线卡即可。

（2）导线本体断线：一般的处理方式为，如果在耐张段（两杆之间）内断线，可将断线相导线更换。如果在过线段内断线，可将断线相改为耐张，并将断线相导线更换。

▶ 第四节　配电线路电杆倾斜、倒杆的分析与处理

一、配电线路电杆倾斜的原因分析

（1）电杆受外力撞击，造成电杆倾斜。

（2）承力电杆未打拉线或拉线选型不当造成电杆倾斜。

（3）电杆上悬挂弱电线路造成电杆倾斜。

（4）电杆基础因灌水造成基础塌陷引起电杆倾斜。

（5）电杆周围施工引起电杆倾斜。

二、配电线路倒杆的原因分析

1. 直线杆倾倒原因分析

（1）电杆根部有伤，在风力作用下折断或倾倒。如果风力不太大，致使倾倒速度缓慢，倾倒角度也不大，没有波及相邻杆塔倾斜。如有较大风力时电杆可能倾倒。导致电杆根部有伤的原因如下：

1）曾发生单相的混凝土电杆，由于接地电流作用，电杆通过接地电流，钢筋发热而烧伤或退火，强度大为降低。

2）电杆在运输堆放过程中，造成根部受伤没有处理，经过长时间运行后，杆内钢筋锈蚀，强度不断下降，使电杆根部受伤。

3）在扶正倾斜电杆时，根部土壤没有挖开用力扶正，造成根部裂纹受伤。

4）运行中受到外力撞击，虽未造成电杆倾倒，但根部严重受伤。

（2）电杆受到外力破坏而造成倾倒，常见外力破坏大致有以下几种：

1）电杆在道路旁受到来往车辆撞击。

2）超过五级以上大风（特大风），电杆可能被刮倒。

3）外力或大风天将大树刮倒，砸倒电杆。

4）导线被砸断因张力原因拉倒电杆。

5）直埋钢杆根部锈蚀可能引起钢杆倾倒。

6）电杆基础塌方（电杆栽在采空区或防空洞等地质变化地带）造成电杆倾倒。

2. 耐张杆倾倒原因分析

（1）由于拉线质量不良，运行中被拉断或拉出。

（2）拉线被盗走，未及时发现倒杆。

（3）车撞拉线或电杆，根部折断而倾倒。

3. 电杆杆身倾倒原因分析

（1）钢筋混凝土杆（钢杆）焊接处焊接不良锈蚀引起电杆倾倒。

（2）钢筋混凝土杆水泥脱落钢筋锈蚀，因张力原因折断电杆。

三、配电线路电杆倾斜、倒杆的处理

当发生电杆倾倒事故，应立即组织现场查看。分清线路是否带电，电杆倾倒类型。组织抢修人员和材料，做好安全措施，按作业指导书要求，分析造成倾倒的原因，做好安全措施，夯实基础，扶正电杆。

当发生电杆倒杆事故，在确认倒杆的原因后，做好安全措施，按作业指导书要求，对倾倒电杆进行更换。一般情况下直线杆可在临近处立新杆，耐张杆在原位立新杆。

▶ 第五节　配电线路断线的分析与处理

配电线路发生断线故障，可造成线路缺相运行、接地和短路跳闸停电三种运行状态。

一、配电线路断线原因分析

（1）高压绝缘子质量不良或有隐形裂纹，在潮湿的天气或系统发生过电压时被击穿，对铁横担放电而烧断导线。

（2）在雷电作用下绝缘子被击穿或被击碎，导线对铁横担放电而烧断导线，这类事故多发生在雷雨季节。

（3）引线接点连接不良，在大电流或故障短路电流通过时，因发热而导线被烧断。

（4）在档距内压接管施工质量不良，在低温时导线拉力增大。导线抽出管外或在较大电流作用下发热而烧断发生断线。

（5）施工时导线弧垂过小，在低温气候条件下导线拉力增大而断线，这类情况多发生在小截面导线的情况下。

（6）在雷电情况下，绝缘导线受雷击断线，这类情况多发生在直线杆针式绝缘子处。

（7）外力破坏造成断线。

（8）车辆撞击电杆或导线造成断线。

（9）大风天因弧垂过大被刮在一起，混线造成短路断线。

（10）导线落上异物，造成短路烧断导线。

（11）枪弹击断导线，打断导线。

（12）开山放炮，飞石砸断导线。

（13）在冬季雪天因覆冰造成断线。

二、配电线路断线的判断及处理

（1）如果用户反映高压有缺相现象，变电站绝缘监视又出现三相对地电压不平衡，说明断线的线路较长。

（2）如果出现缺相故障前，线路曾发生过跳闸重合良好，说明缺相可能由短路故障引起的。可进一步查保护动作情况（查速断保护还是过流保护动作）来判断故障点距首段大致距离。

（3）通过电话或前去询问客户可大致确定断相点范围。

（4）当确定配电线路断线的情况，应立即组织抢修人员到现场，做好防止人员触电的安全措施，切断电源，核实处理断线故障所需材料，进行断线故障的恢复处理。一般情况下，对断线档距内的导线要进行更换。

▶ 第六节　配电设备故障分析与处理

一、变压器高、低压熔丝熔断故障分析

变压器在运行中，经常会发生一相或多相因高压侧熔丝熔断而中断对用户的供电。发生故障的原因如下。

（1）安装质量不良引起熔丝熔断。安装的高压熔丝容量过小，甚至小于配电变压器额定电流，在正常运行状态下可能发生熔断；熔丝质量不良，熔件与导流部分压接不牢固而发生抽出熔断；安装方法不当，将熔丝拉伤而演变为熔断。

（2）由于配电变压器高低压引线或在套管处短路引起熔断。

（3）低压线发生短路引起的熔断。由于低压线短路电流过大和熔丝特性不佳致使在低压熔片熔断的同时，高压熔丝也熔断。

（4）因配电变压器内部故障而发生熔断。发生这类情况，一般都是同时熔断两相，三相同时熔断的情况比较少见，熔断的熔丝烧损比较严重。通过对熔断熔丝及变压器外部情况进行检查，如果不是由于安装不良低压线路及外部短路引起，则很可能是由于配电变压器内部故障引起。

二、配电变压器声音异常分析

运行中的配电变压器，由于交变磁通作用，使变压器铁芯硅钢片振动而发出声音。正常运行时，这种声音是清晰而有规律的，当变压器发生显著变动或运行状态出现异常，则声音就较平时增大，有断续杂音或较大声音，统称异音。

（1）声音明显增大，但比较均匀，一般是由负荷过大引起。

（2）配电变压器带有冲击负荷，比如较大电机频繁起动电焊机断续工作，促使变压器声音骤增骤减，变化不规律。

（3）低压远方短路或接地，熔片没有及时熔断，在短路电流的作用下，由于磁通磁路严重不平衡，发生强烈而均匀的噪声。

（4）配电变压器内部铁芯或夹具松动，声音变大，且有断续杂音。经测试负荷电流不大，温度不高，二次空载基本平衡，可监视运行；如声音不断增大，则应考虑换下检修。

（5）匝间短路时，短路匝产生严重的局部过热，促使变压器局部沸腾，发生"咕噜、咕噜"像开锅一样的声音。分接开关接触不良或绝缘有击穿，发生放电的"噼啪"。遇有这类情况，测配电变压器二次空载电压将出现严重不平衡，油温也将升高，拧开油枕油孔，会闻到焦味。应将配电变压器停止运行送厂检修。

（6）在巡视检查中遇有配电变压器异音时，如没有仪表不能进行测试，可在确认配电变压器外壳可靠接地的情况下，接触外壳温度和观察油枕中油位是否升高，之后将配电变压器二次负荷断掉，使之在空载状态运行，如果异音仍然存在，外壳温度又高，则很可能是配电变压器内部故障。停运后应用仪表进一步进行测定，以判断是否继续投运。

三、配电变压器温升过高的分析

1. 温度升高的原因分析

在正常运行状态下，变压器上层油温不会超过 95℃，甚至超过 85℃ 的可能性也不大，只有发生以下异常运行时，才能发生温度过高现象。

（1）发生严重过负荷，由于熔片过大或质量不良，不能及时熔断，油温必将不断升高，甚至超过最高允许温度，此时声音明显变大，但杂音不明显，通过测负荷即可判定。应立即减掉超过负荷，如不能迅速减少负荷，上层油温又超过 95℃，应将配电变压器停运进行处理。

（2）低压单相或两相远方短路故障，因短路电流没有达到熔片熔断电流，不能及时切除故障。由于短路电流超过额定电流很多，并促使一部分磁通与外壳构成磁路，使绕组与外壳同时发热，变压器温度急剧上升，超过最高允许温度，此时变压器声音很大，且很不均匀，通过测负荷即可发现，应立即停止运行，排除故障点后，对变压器做全面综合检查，无问题再重新投运。

（3）分接开关接触不良。由于分接开关在运行中其接触点压力不够或接触处污秽等原因，使接触电阻增大，接触点的温度升高而发热。尤其是倒分接开关后触点接触不良负荷又较大，发热更为明显。由此引起的温度升高，测负荷没有过负荷现象，有时可能听到"吱吱"放电声，但一般没有明显杂音，可通过测量高压绕组直流电阻加以判断。有这类故障变压器必须退下返厂修理。

（4）绕组匝间短路。由于绕组相邻几个线匝之间的绝缘损坏，将会出现一个闭环的短路，同时该相的绕组少了匝数，短路电流产生高热使变压器温度升高，严重时将烧损变压器。

（5）铁芯硅钢片短路。由于施工中不慎造成外力损伤或由于绝缘老化等原因，使硅钢片间绝缘损坏，涡流增大而局部过热，此外，穿心螺杆绝缘损坏也是造成涡流增大的一个原因，轻者造成局部发热，严重时使铁芯过热，油温上升甚至超过允许值。

通过对取样的简化分析可以判定这类故障，另外，如变压器温度升高接近或超过允许值，经查又不属于过负荷、分接开关接触不良、匝间短路故障引起，属于铁芯硅钢片（穿心螺杆）绝缘不良引起，应将变压器停运检修。

2. 变压器温升过高的判断与处理

如果变压器上层超过95℃，油枕很可能发生溢油现象，巡检人员站在变压器附近，会感到外壳温度很高，有烤脸的感觉，用手触摸很烫手，不能停留。如遇这些情况说明变压器温度过高，有超过允许温度的可能。首先应仔细听声音，将声音大小、音调变化及杂音情况分辨清楚，以判断是否由何种原因引起的温度过高。如携带钳型电流表，应立即测负荷，以判断是否由于过负荷或二次短路所引起，之后在通知主要用户后将变压器停电，测量上层油温。温度虽然过高，但由于是过负荷或低压线路短路引起的，排除短路故障或减掉负荷即可继续投运，如果不是过负荷或二次故障引起，上层油温超过95℃，应立即停止运行返厂检修。

如果巡检人员没有携带温度计（测温仪）和钳型电流表，无法判断上层油温及负荷电流值，就应根据变压器外壳温度过高程度，油枕中油位变化情况作出综合判断，认为变压器确有故障可能，再通知主要用户后停止运行，待取来仪器仪表对变压器做出全面检测，认为无问题可空载投运经听声音，测二次空载电压仍属正常，说明变压器内部故障可能性不大，带上二次负荷后测电流并监视上层油温及二次电流变化情况，如均属正常，说明致使变压器温度升高的外部因素已消除，应监视运行，如二次仍然过负荷就立即将变压器停运，排除过负荷或二次故障因素。如果变压器在空载投运时，声音不正常，上层油温还在不断升高，说明内部有问题，应停运检修。

四、避雷器故障原因分析

架空配电线路目前使用较多的为无间隙氧化锌避雷器，在运行过程中偶有故障的发生。

（1）密封问题。避雷器密封老化，主要是生产厂采用的密封技术不完善，或采用的密封材料抗老化性能不稳定，在温差变化较大时或运行时间接近产品寿命后期，因密封不良使潮气侵入，造成内部绝缘损坏，加速了电阻片的劣化而引起爆炸。

（2）电阻片抗老化性能差。电阻片劣化造成泄漏电流上升，甚至造成瓷套内部放电，放电严重时避雷器内部气体压力和温度急剧增高，引起避雷器本体爆炸，内部放电不太严重时可引起系统单相接地。

（3）瓷套污染。在户外运行的氧化锌避雷器，瓷套容易受到粉尘的污染，特别是在高污染区，由于粉尘中金属的比例较大，故给瓷套造成严重的污染，引起污闪或因污秽在瓷套表面的不均匀，而使沿瓷套表面电流也不均匀，势必导致电阻片的电流或沿电阻片的电压分布不均匀，使流过电阻片的电流较设计值大1～2个数量级，使吸收过电压能力大为降低，也加速了电阻片的劣化。

（4）高次谐波。高污染企业大吨位电弧炉、大型整流、变频设备的应用及轧钢生产的冲击负荷等，使电网高次谐波值严重超标。由于电阻片的非线性，当正弦电压作用时，还有一系列的奇次谐波，而在高次谐波作用下，更加速了电阻片的劣化速度。

（5）抗冲击能力差。氧化锌避雷器多在操作过电压或雷电条件下发生事故，其原因是因电阻片在制造过程中，由于工艺质量各控制点控制不严，而使电阻片耐受方波冲击的能力不强，在频繁吸收过电压能量过程中，加速了电阻片的劣化而损坏，失去了技术性能。

五、柱上开关故障原因分析

（1）密封问题。由于密封不严或密封圈老化，在温差较大时使潮气侵入，造成内部绝缘损坏，引起故障。

（2）机构问题。由于机构原因，造成拉合不灵或发生操作不动，或机构动而开关未动的故障。

（3）漏气问题。因厂家制造质量问题，真空泡漏气造成分闸时开关炸，或在开关分闸状态下出现开关导通现象。

（4）导流部分问题。因厂家制造或现场安装质量问题，在大负荷的作用下，造成焊点或螺栓连接点接触不良而引发开关故障。

▶ 第七节　电缆常见故障分析与处理

一、电缆产生故障的主要原因

电缆故障基本分为电击穿和热击穿。电击穿是当电压较高时，电场强度足够大，绝缘介质中的自由电子在电场的作用下产生碰撞和游离，这个过程不断发展下去，使介质中电子流加剧，造成绝缘击穿，形成导电通道；热击穿时绝缘介质在电场的作用下，因介质损耗产生的热量是绝缘介质温度升高，随着温度持续上升，绝缘介质发生熔融、断裂和烧焦等现象，最终导致绝缘破坏而击穿。

故障产生的原因和故障的表现形式是多方面的，有逐渐形成的也有突发的，有单一形式的也有复合型的故障。产生故障的原因主要有以下几种。

1. 外力破坏

由于外力破坏产生的故障占到全部故障的 58%，其中主要因素有：

（1）市政建设施工不明地下电缆的位置，造成电缆损坏；

（2）电缆敷设在地下，长期受过往车辆、重物的压力和冲击，造成电缆结构发生破坏。

2. 附件质量和安装质量

由于附件质量和安装质量产生的故障约占全部故障的 28%，附件质量主要指电缆接头的制造和制作质量，主要因素有：

（1）接头制作未按技术标准操作，制作工艺不良，密封性能差；

（2）制作接头时，周围环境恶劣，进入大量的杂质和水分；

（3）接头材料使用不当，不符合国家技术标准；

（4）热、冷缩工艺不良，受力不均，密封不良；

（5）运行环境恶劣，对接头造成侵蚀和老化。

3. 敷设施工质量

由于敷设施工质量产生的故障约占全部故障数量的 12%，主要因素有：

（1）电力电缆的敷设施工未按工艺和规程要求开展；

（2）敷设过程中方法不当，器械使用不对，造成电缆损伤。

4. 电缆本体

由于电缆本体原因产生的故障约占全部故障的 3%，主要由电缆制造工艺和绝缘老化两种原因引起。

（1）电缆制造工艺不良。在电缆制造过程中，因选料、工艺控制等原因造成电缆线芯绞合不紧、有毛刺和杂质。绝缘材料和半导体材料选用不良，交联、硫化过程中存在杂质、气隙和水分等均会在运行过程中逐步形成电树、水树或电场局部集中，引起绝缘的游离和老化。

（2）因电缆老化而引起电缆故障的主要因素有以下几种：

1）电力电缆长期在运行环境中，电压、温度以及环境因素的影响，才产生局部放电，从而引起绝缘老化；

2）绝缘介质存在水分，在电场的作用下，绝缘纤维产生水解形成水树，绝缘老化；

3）绝缘介质存在气泡，在电场的作用下，电场几种产生游离，绝缘老化；

4）油纸电缆运行时间过久时，电缆中绝缘油会干枯、结晶和绝缘纸脆化；

5）电缆长期在恶劣的运行环境中，电缆的铠装或铝包会受到侵蚀，发生腐蚀、开裂、穿孔、护层脆化等现象。

二、电缆故障测距和定点

电缆故障测试的基本步骤和方法如下。

1. 基本步骤

电缆绝缘损坏故障后，测试人员一般要选择合适的测试方法和仪器仪表，按照一定的步骤进行故障定点。

电缆故障查找一般按照故障性质判断、故障测距、故障定点三个步骤开展。

故障性质判断是对电缆的故障情况作初步的分析。然后使用仪表判明故障点绝缘电阻的大小，对故障性质进行分类，采用适当的测距方法粗测故障距离。

在粗测距离的基础上，依据电缆线路的实际特点，采用合适的定点方法进行精确的故障定点。

2. 故障测距方法

常用有直流电桥法、压降比较法和直流电阻法等三种方法。

其一是通过测试故障电缆线路端部到故障点的电阻值，根据电阻率计算得出故障距离；其二是通过测试电缆故障段与全长的电压降的比值，乘以电缆全长计算出故障距离；适用于电缆故障点绝缘电阻低于几十千欧的故障测距。

适用范围：用于低阻，一般绝缘电阻低于 $50k\Omega$ 以下的电缆故障。

（1）电桥法。

1）直流电桥法。直流电桥法是一种传统的测试方法，测试线路如图 5-1 所示，将故障相电缆与完好相电缆短接，电桥两臂分别接故障相和完好相，其等效电路如图 5-2 所示。操作时，调解可变电阻 R_2，使电桥平衡，此时 CD 之间的检流计为 "0"，电桥处于平衡，有 $R_3/R_4=R_1/R_2$。R_3、R_4 是已知电阻，$R_3/R_4=K$。

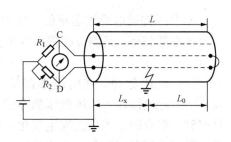
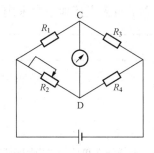

图 5-1　直流电桥法测试线路　　　　　图 5-2　直流电桥法等效电路

因电缆直流电阻与长度成正比，设电缆单位长度电阻为 R_0，L 为电缆全长，L_x 和 L_0 为电缆故障点到测量端和末端的距离，则 $L_x = 2L/(K+1)$，值得注意的是，本方法的测量精度受测量引线电阻和接触电阻的影响较大。

2）压降比较法。其原理接线图如图 5-3 所示。用导线在电缆远端将电缆故障相和完好相短接，将开关 S 置于位置 I，调节直流电源 E，使检流计显示一定的数值（事先考虑量程），测量出故障相与完好相之间的电压 U_1；而后再将开关 S 置于位置 II，调节直流电源 E，使得检流计指数与刚才指数相同，测出此时的电压值 U_2，由此得到故障点的距离 $L_x = 2LU_1/(U_1+U_2)$，其中 L 为线路全长。

同直流电流法一样，压降比较法的测量精度也受测量引线电阻及接触电阻的影响较大。

3）直流电阻法。为克服上述两种方法的不足，可以采用直流电阻法以降低回路和接触电阻对测量精度的影响。

其原理接线图如图 5-4 所示。在电缆对端将故障相与完好相短接，将直流电源 E 在故障相与大地之间注入电流 I，测得故障相和非故障相之间的直流电压 U_1。从故障点开始到电缆远端再到电缆测量部分的电路无电流流过处于等电位状态，电压 U_1 是故障电缆线芯从电源端到故障点的电压降，此时可计算出测量点到故障点之间的电阻 $R = U_1/I$，设电缆线芯单位长度电阻值为 R_0，可计算故障距离 $L_x = R_1/R_0$

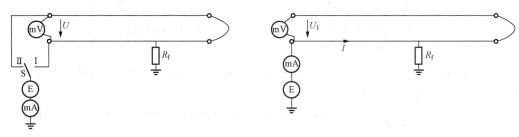

图 5-3　压降比较法原理接线图　　　　图 5-4　直流电阻法原理接线图

这种方法实质上是利用完好相电缆测量线芯测量端与故障端的直流电阻，可以避免短接引线本体电阻和接触电阻的影响，减少测量误差。

利用这种方法时值得注意的是：

a. 注入电流大小的选择。从提高测量灵敏度和提高抗干扰能力的角度考虑，直流电源提供的电流应尽可能大一些，电缆线芯越大电流也随之加大。

b. 接线、测量时注意避开接触电阻的影响。

c. 此方法对多点接地不宜采用。

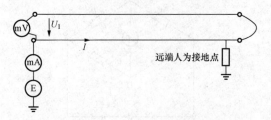

图 5-5　电缆线芯单位长度电阻测量原理图

d. 如不知道电缆线芯单位长度电阻，要通过现场测量获得，其测量原理接线图如图 5-5 所示。

（2）低压脉冲。在电缆端部接入脉冲仪器，向故障电缆输入连续低压脉冲信号，当信号遇到故障点时，因阻抗发生变化，脉冲信号发生反射，仪器接收到发射信号时自动检测与发射信号的时差，计算故障点距离。

1）适用范围。用于测量电缆的开路、短路和低阻故障的故障距离；同时也可用于测量电缆的长度、波速和识别电缆中间头、T 型接头和终端。

2）原理。在测试端输入一个低压脉冲信号，该信号沿着电缆传播，当遇到电缆中阻抗不匹配时，如：断开点、短路点、低阻故障点和接头点时，波形会发生折反射，反射波返回测试端时，测量仪器记录下时间差 Δt。如图 5-6 所示。

如果已知电磁脉冲在电缆中的传播速度为 v，则阻抗不匹配点到测量端的距离 $l = v \cdot \Delta t/2$。

3）波形分析。

a. 开路故障波形。开路故障的反射波形与发射脉冲极性相同，如图 5-7 所示。

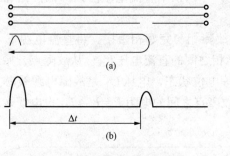

图 5-6　低压脉冲测距原理图
（a）电缆；（b）波形图

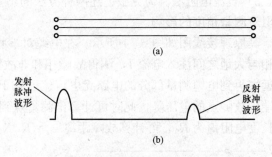

图 5-7　开路故障电缆及波形
（a）电缆；（b）波形

当开路故障点距仪器较近时，仪器会接受并显示多次反射波，每次反射与发射波形极性相同，如图 5-8 所示。

b. 短路或低阻故障波形。短路或低阻故障反射波形极性与发射波形极性相反，如图 5-9 所示。

c. 当电缆为近距离短路或低阻故障时，仪器会接受和反射多次反射波形。但一、三等奇次反射波形极性与发射波相反，二、四等偶次反射波形极性与反射波相同，如图 5-10 所示。

d. 关于波速。低压脉冲测试原理的测试故障公式为 $l = v\Delta t/2$，其中波速 v 是电磁波在电缆中传播的速度。它的大小与电缆的绝缘介质材料有关，与电缆的线径、线芯材料、绝缘厚度等因素无关。运行中大部分电缆的绝缘材料为交联聚乙烯和油纸绝缘电缆，油纸绝缘电缆的波速一般为 $160\text{m}/\mu\text{s}$，而对于交联电缆受聚乙烯交联度、所含杂质等不同的影响，其波

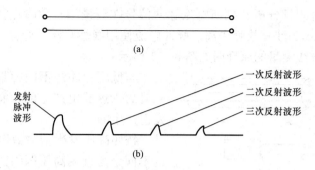

图 5 - 8 　开路故障点距仪器较近时的电缆及波形
(a) 电缆；(b) 波形

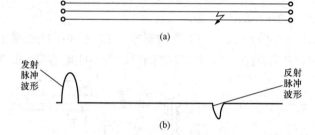

图 5 - 9 　短路或低阻故障电缆及波形
(a) 电缆；(b) 波形

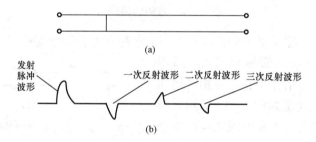

图 5 - 10 　近距离短路或低阻故障电缆及波形
(a) 电缆；(b) 波形

速也有所区别，一般在 $170\sim173\text{m}/\mu\text{s}$ 之间。如果知道电缆的全长，根据公式 $v=2/\Delta t$，可以推算出电磁波在电缆中的传播速度。

（3）脉冲电压和脉冲电流法。使用高压信号发生器向故障电缆施加直流高压信号，使故障点击穿放电，放电时会产生一个电流行波信号，通过设备接收并测量此行波信号的在测量端与故障点的时间，计算出故障点与测量端的距离，称为脉冲电流法。

使用高压信号发生器向故障电缆施加直流高压信号，使故障点击穿放电，放电时会产生一个电压行波信号，通过设备接收并测量此电压行波信号测量端与故障点的时间，计算出故障点与测量端的距离，称为脉冲电压法。

1）适用范围。用于测量电缆含有低阻的、高阻的或闪络性的单相接地和相间故障。

2）原理。将电缆故障点用高压击穿，使用测量仪器采集并记录下故障点击穿后产生的电流行波信号，通过测量分析和判断电流脉冲信号在测量端与故障点往返一次所需时间差 Δt，根据公式 $l＝v\Delta t/2$ 计算故障距离。脉冲电流使用线性电流耦合器采集电缆中的电流行波信号。使用这种方法测量的原理图如图 5-11 所示。

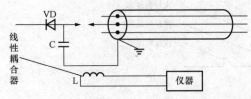

图 5-11　脉冲电压和脉冲电流法测量原理图

与低压脉冲法不同的是，此时电流脉冲信号时故障点放电产生的，而不是测试仪器本身发射产生的。

按照高压发生器对故障电缆施加高压方式的不同分为直流高压闪络法和冲击高压闪络测试法。

a. 直流高压闪络法。简称直闪法，用于测试闪络性击穿故障，即故障点绝缘电阻很高，在高压试验设备将试验电压升至一定数值时，即可产生绝缘闪络性击穿故障。在对电缆开展预防性试验时易于发生此类故障。

直闪法的接线图如图 5-12 所示。T1 为调压器、T2 为高压试验变压器，一般选择容量在 0.5～1.0 之间，输出电压值在 30～60kV 之间。C 为储能电容器、L 为线性电流耦合器。

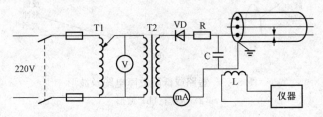

图 5-12　直闪法接线图

直闪法采集的波形简单易于分析，图 5-13 为直闪法采集的波形。

b. 冲击闪络测试法。简称冲闪法，适用于低阻的、高阻的或闪络性单相、多相接地和相间故障。冲闪法接线图如图 5-14 所示，与直闪法不同的是在储能电容和电缆之间串接一个球间隙 G。

首先通过调压器对电容 C 充电，当电容 C

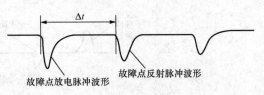

故障点放电脉冲波形　　故障点反射脉冲波形

图 5-13　直闪法采集的波形

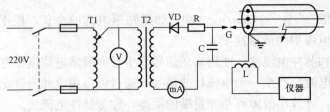

图 5-14　冲闪法接线图

上的电压足够高时，球形间隙击穿，对电缆放电，这一过程相当于把直流电源电压加到电缆上。如果电压足够高，故障点会击穿放电，产生的高压脉冲电流行波信号会在故障点和电缆测试端发生折反射。通过测量该电流脉冲信号在测试端和故障点往返一次的时间差 Δt，计算出故障点的距离。

使用该方法时需要注意以下几点：

（a）电缆绝缘击穿不仅与电压高低有关，同时也与电压作用的时间有关，即电压加到电缆上时要持续一段时间后才会击穿，称为放电时延。同时此放电时延又与电缆的参数有关，测试时要考虑这个时延的影响。

当冲击高压脉冲到达故障点，但未到达对端就击穿称为直接击穿；当高压脉冲信号从对端返回后到达故障点才击穿称对端反射电压击穿。

（b）采取措施使电缆故障点充分放电，一是适当提高电压；二是通过增大电容来增长电压作用的时间。

（c）准确判断故障点是否击穿。判据为：①球间隙放电声音清脆，火花加大；②电压、电流表计摆动幅度范围加大。

（d）典型脉冲电流冲闪波形的收集和分析。

（4）二次脉冲法。用高压发生器给故障电缆施加高压脉冲，使故障点出现弧光放电，电弧的电阻很小，在息弧前电缆故障转化为低阻故障，此时通过耦合装置在电缆中注入低压反射波形；弧光熄灭后，再给电缆注入一次低压脉冲，记录下此时的低压反射波形。将两次波形进行反复比较，波形在相应的故障点上会有明显的区别，波形明显的区别点距测试端的距离即为故障距离。

1）适用范围。主要用于测试高阻故障和闪络性故障。

2）原理。如图5-15所示，测试时先用高压信号发生器来击穿故障点，在起电弧期间，测试仪器发射一个低压脉冲测试信号，此时因电缆故障点已经击穿即视为短路故障，可得到低压脉冲法测试短路故障一样的波形。

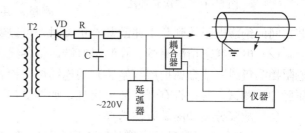

图5-15　二次脉冲法原理图

当电弧熄灭后，电缆故障点又恢复到高阻状态，此时仪器再发射一次低压脉冲，即反映的是电缆无故障时的状态。

将上述两种波形同时反映在测试仪器的屏幕上进行比较，有明显差异的位置即为电缆故障点。见图5-16。

三、电缆故障测试的前期准备工作

1. 电缆发生故障后的前期准备工作

电缆发生故障后，首先办理工作票和工作任务单。而后明确工作任务中的线路名称、位置以及周边环境和周边其他线路的运行情况。准备线路资料，包括运行历史、时间、故障前线路的运行情况、电缆线路的长度、规格型号、接头位置、电缆路径等。

同时要合理安排人员，准备必要的仪器、工具和材料，并校验是否能正常使用。

2. 测试前的准备工作

（1）进入工作现场，首先必须遵守《国家电网公司电力安全工作规程（线路部分）》规定，做好现场安全措施，确保测试人员安全，并进行技术交底，明确现场测试人员的职责，分工明确，统一指挥。

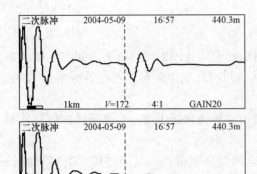

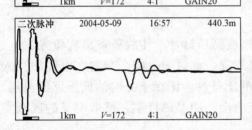

图 5-16　二次脉冲法

核对故障电缆线路是否与实际相符，仔细核对工作票和任务单的安全措施是否与现场安全措施相符。

（2）进一步确认现场仪器仪表放置是否合理，对地和周围设备距离是否满足要求。

（3）在电缆的另一端同样按照上述步骤做好措施。

3. 故障性质的判断和测试方法的选择

测试前期准备工作完成后，开始进行故障测试第一步——故障性质判断，而后再根据不同的故障性质来选择故障测距和定点的方法。

（1）故障电缆绝缘情况测试。将电缆两端头同其他相连设备断开，将终端头的套管等清洗干净以排除外界环境可能对测试造成的影响，然后用500V绝缘电阻表测量故障电缆各相线芯对地、对金属屏蔽和各线芯间的绝缘电阻。若电阻过小，绝缘电阻表显示为零值时，可改用万用表进一步测量，并做好记录。当电缆的故障线芯对地或线芯之间的绝缘电阻达到几十兆欧甚至更高时，可以考虑电缆有闪络性故障存在的可能。

（2）电缆线芯情况测试。在测量对端，将各线芯同金属护层（铠装）短路，用万用表的电阻挡测量线芯或金属护层（铠装）的连续性，检查电缆是否存在短路现象。或者直接用低压脉冲法测试，看是否有开路波形出现，如接受到开路波形，再用万用表确认。

（3）故障分类和测试方法选择。

1）故障分类。常见的电缆故障性质分类方法有：

a. 按照故障现象分类可以分为开放性故障和封闭性故障，故障定点时，开放性故障更易于查找。

b. 按照故障位置分类可分为接头故障和电缆本体故障。受到外力破坏的电缆往往是本体；而非外力破坏性质的故障大多集中在接头处。

c. 按照接地现象分类可分为相间故障、单相接地和多相接地故障等。一般单相接地和多相接地较为常见。

d. 按照绝缘电阻大小分类可分为低阻、高阻和闪络性故障。

2）故障性质诊断和测试方法选择。对故障电缆绝缘情况和线芯情况的测试即是对电缆故障性质的诊断，而后根据诊断结果，按照故障性质选择测试方法。

a. 开路故障。即电缆有一芯或数芯开路和金属护层（铠装）断裂故障。

经验表明，单纯的开路故障并不多见，一般都伴有经电阻的接地现象，此类故障可选用低压脉冲法测距。对于较高电阻的开路故障，也可选用脉冲电压和电流法测距，也可选用二次脉冲法。

b. 低阻故障和短路故障。电缆一芯或数芯对地或芯线间绝缘电阻低于几百欧姆的故障。对于此类故障，可采用低压脉冲法测距。故障点定点可采用声磁同步法进行，对于直埋电缆也可采用跨步电压法。

c. 高阻故障。电缆一芯或数芯对地或芯线间绝缘电阻低于正常值而高于几百欧姆的故障。对于此类电缆故障，一般采用脉冲电压法或脉冲电流法，也可选用二次脉冲法。因此类故障故障点脉冲电压或电流信号和声音信号较强，因此故障定点多采用声磁同步法。

d. 闪络性故障。电缆一芯或数芯对地或芯线间绝缘电阻值非常高，但当对电缆进行耐压试验时，电压加到某一值时，突然出现绝缘击穿现象。当电缆出现上述现象时，则可选择脉冲电压或电流法以及二次脉冲法。故障定点选择声磁同步法，由于故障是封闭性的，故障点放电声音较小，不易识别和判断。

e. 电缆主绝缘的特殊故障。当采用脉冲法测量电缆故障时，接收的波形杂乱或没有波形，这是电缆一般发生大范围的进水或电缆线路很长接头较多而造成。这时则选用将故障点击穿，发展为短路或低阻故障，采用电桥法测试和定点。

4. 故障定点方法

在测量出电缆故障的距离和路径后，就要根据电力电缆的路径和故障距离，判断故障点的大概位置。由于受电力敷设预留等因素的影响，使得根据路径和故障距离判断的位置与实际故障点的位置还会存在一定的偏差，此时我们还需要开展下一步的工作——故障精确定点，它大概分以下几种方法。

（1）声测法。通过直接故障点放电的声音信号或观测故障点放电时发出的光等可视信号找到故障点的方法。

1）应用范围。所有加高压脉冲信号后故障点能产生放电声音的电缆故障。

2）测试方法描述。使用与冲闪法相同的设备，使故障点击穿放电，放电时产生放电声音。对于直埋电缆，故障间隙放电会产生机械振动传到地面，通过振动传感器或声电转换器，在耳机中听到类似"啪、啪"的声响；对于沟槽和隧道中电缆，人员进入隧道后，人耳直接可以听到放电声。利用这些现象可以准确地对电缆故障进行定点。

传统的声测法一般使用耳机或观察机械式指针的摆动来判断是否有电缆故障点放电产生的声音信号，手段相对落后。随着电子技术的发展，可以采用电子设备捕捉、分析、采集、储存声音信号，便于测试人员有充足的时间分析信号的强度、频率、衰减、持续时间，排除外部信号的干扰，更加准确地判断识别故障点位置。

3）特点。

a. 优点。该方法易于理解，便于掌握，可靠性高。

b. 缺点。受外部环境影响大。背景噪声对放电声音的影响使得测试人员很难区分，必要时需等待夜深人静时才能测试；同时受测试人员的经验和心态的影响。

（2）声磁同步接收定点法。通过分辨探测传感器接收到的放电产生的声音信号和磁场信号的时间差来找到电缆故障点的方法，称为声磁同步接收定点法，简称声磁同步法。

1）适用范围。同声测法一样，所不同的是除能接收故障点放电发出的声音信号，同时还能接收放电电流产生的脉冲磁场信号。

2）测试方法描述。在给故障电缆施加高压脉冲时故障点击穿放电，故障点在产生声音信号的同时也产生脉冲磁场信号。通过感应线圈和振动传感器将声磁信号记录下来，因磁场信号比声音信号传播快的多，这样同一个放电信号中磁场信号与声音信号传到探头时会产生一个时间差，时间差最小的点即为故障点。

需要注意的是，在测试现场测试人员要优化接线方式，使得故障点放电能够产生较为强烈的磁场信号，便于分析判断。

（3）音频感应法。

1）应用范围。一般用于探测故障点电阻小于 10Ω 的低阻故障。对于这种故障，其放电声音微弱，用声测法进行定点比较困难，如果发生金属性短路故障时，故障点基本没有放电声音。此时可使用音频感应法进行测量。

2）方法描述。其基本原理为，给故障电缆加入 1kHz 或其他频率的音频电流信号，在电缆周围就会产生同频率的电磁波信号，使用探头沿电缆路径探测，接收该电磁信号并将之放大，然后送入耳机或指示仪器，依据耳机中声响的强弱或指示仪表数值的大小确定故障点的位置。

（4）跨步电压法。

1）应用范围。适用于直埋电缆且护层破损的开放性故障。

2）方法描述。如图 5-17 所示，这是一个直埋电缆的开放性接地故障，AB 是线芯，A′

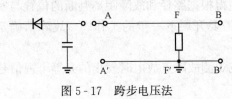

图 5-17 跨步电压法

B′是金属护层，故障点 F 已经裸露对大地形成开放性故障。当把 A′B′接地解开并从 A 端注入高压脉冲信号时，在 F′点的大地表面形成电位分布即跨步电压分布，使用高灵敏度电压表在地表测量两点间的电压，根据指针指示方向的变化，确定故障点。

❓复习思考题

1. 如何查找接地故障？

2. 线路缺项的原因分析。

3. 如何查找短路故障？

4. 变压器一次保险熔断因素有哪些？

5. 避雷器故障的原因分析。

6. 电缆产生故障的主要原因是什么？

7. 电缆故障测试的基本步骤是什么？

8. 电缆故障测距方法有哪些？

9. 电缆发生故障后的前期准备工作有哪些？

10. 电缆故障精确定点方法有哪几种？

第六章

配电作业工器具

本章重点介绍配电线路作业运行维护过程中的常用工器具。分安全工器具、巡视、检修、仪器仪表、电缆维护等五节，通过工器具的用途、结构、规格及型号、使用注意事项等对每种工器具作了介绍。

▶ 第一节 安全工器具

安全工器具是为了保证作业人员在作业过程中防止各种可能的安全风险而使用的工器具。主要包括安全带、安全帽、绝缘手套、绝缘鞋、验电器、接地线、个人保安线、核相器、高压拉闸杆、有害气体测试仪 10 种器具。

一、安全带

安全带是防止高处作业人员发生坠落或发生坠落后将作业人员安全悬挂的个体防护装备。在没有脚手架或者在没有栏杆的脚手架上工作，高度超过 1.5m 时，应使用安全带。

GB 6095—2009《安全带》对安全带作了规定。

按照使用条件的不同，安全带分为围杆作业安全带、区域限制安全带和坠落悬挂安全带（见图 6-1～图 6-3）。安全带的组成见表 6-1。

图 6-1 围杆作业安全带

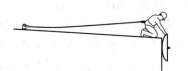

图 6-2 限制区域安全带

图 6-3 防坠悬挂安全带

表 6-1 安全带组成

分　类	部　件　组　成	挂点装置
围杆作业安全带	系带、连接器、调节器（调节扣）、围杆带（围杆绳）	杆（柱）
区域限制安全带	系带、连接器（可选）、安全绳、调节器、连接器	挂点
	系带、连接器（可选）、安全绳、调节器、连接器、滑车	导轨
坠落悬挂安全带	系带、连接器（可选）、缓冲器（可选）、安全绳、连接器	挂点
	系带、连接器（可选）、缓冲器（可选）、安全绳、连接器、自锁器	导轨
	系带、连接器（可选）、缓冲器（可选）、速差自控器、连接器	挂点

现阶段配电线路电杆上除架设电力线路外，大多数还架设了弱电线路、光缆等线路或其

他设施，在登杆转移过程中为了不失去保护，人们根据其特点还使用了双围杆安全带，即在围杆式安全带的基础上，又增加了一条围杆带，在登杆转移过程中遇到需钻越的线路时，先将未使用的围杆带固定在被钻越线路上方，然后解开线路下方的围杆带，倒替使用，起到不失去保护的作用。

使用安全带过程中要注意以下事项。

（1）安全带使用期一般为3～5年，发现异常应提前报废。

（2）安全带的腰带和保险带、绳应有足够的机械强度，材质应有耐磨性，卡环（钩）应具有保险装置。保险带、绳使用长度在3m以上的应加缓冲器或差速保护器。

（3）使用安全带前应进行外观检查：

1）组件完整、无短缺、无伤残破损；

2）绳索、编带无脆裂、断股或扭结；

3）金属配件无裂纹、焊接无缺陷、无严重锈蚀；

4）挂钩的钩舌咬口平整不错位，保险装置完整可靠；

5）铆钉无明显偏位，表面平整。

（4）安全带应系在牢固的物体上，禁止系挂在移动或不牢固的物件上。不得系在棱角锋利处。安全带要高挂和平行拴挂，严禁低挂高用。

（5）在杆塔上工作时，应将安全带后备保护绳系在安全牢固的构件上（带电作业视其具体任务决定是否系绝缘后备安全绳），不得失去后备保护。

二、安全帽

安全帽是防止冲击物伤害头部的防护用品，由帽壳、帽衬、下颊带和后箍组成。帽壳呈半球形，坚固、光滑并有一定弹性，打击物的冲击和穿刺动能主要由帽壳承受。帽壳和帽衬之间留有一定空间，可缓冲、分散瞬时冲击力，从而避免或减轻对头部的直接伤害。冲击吸收性能、耐穿刺性能、侧向刚性、电绝缘性、阻燃性是对安全帽的基本技术性能的要求。

GB 2811—2007《安全帽》对安全帽作了规定。

安全帽分为普通安全帽（见图6-4）和特殊安全帽两种。普通安全帽适用于大部分工作场所，包括建设工地、工厂、交通运输等。在这些场所可能存在坠落物伤害、轻微磕碰、飞溅的小物体打击等。含特殊性能的安全帽可作为普通安全帽使用，具有普通安全帽的所有性能。特殊性能可以按照不同的组合适用于特定的场所，主要包括阻燃性能、抗侧压性能、防静电性能、绝缘性能、耐低温性能等。

图 6-4 普通安全帽

当作业人员头部受到坠落物的冲击时，利用安全帽帽壳、帽衬在瞬间先将冲击力分解到头盖骨的整个面积上，然后利用安全帽各部位缓冲结构的弹性变形、塑性变形和允许的结构破坏将大部分冲击力吸收，使最后作用到人员头部的冲击力降低到4900N以下，从而起到保护作业人员的头部的作用。安全帽的帽壳材料对安全帽整体抗击性能起重要的作用。

用于电力行业作业施工使用安全帽的材质主要有：玻璃钢、聚碳酸酯塑料、超高分子聚乙烯塑料、改性聚丙烯塑料。

三、验电器

验电器是用于检测电力设备是否带电的一种设备，主要由绝缘操作杆和验电器组成，绝缘操作杆的长度由电压等级确定，但不得小于安全规程规定的绝缘杆长度。其工作原理是由测试电极感应的电压信号触发报警装置来实现检测的。

DL 740—2000《电容型验电器》对电容型验电器作了规定。

验电器分类：

（1）按显示方式可分为声类、光类、数字类、回转类、组合类等。

（2）按连接方式可分为整体式（指示器与绝缘杆固定连接）、分体组装式（指示器与绝缘构件可拆卸组装）。

（3）按使用气候条件可分为雨淋型和非雨淋型。

（4）按使用环境温度可分为低温型、常温型、高温型。

验电器的组成见图 6-5，绝缘性能要求见表 6-2。

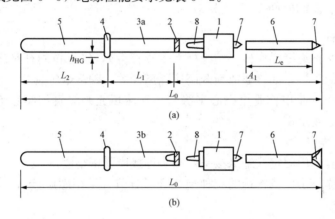

图 6-5　验电器

（a）包含绝缘杆的单件式验电器；（b）可组装绝缘杆的分离式验电器

1—指示器（任何类型）；2—限度标志；3—绝缘件；4—护手；5—手柄；
6—接触电极延长段；7—接触电极；8—连接器

h_{HG}—护手的高度；L_2—手柄长度；L_1—绝缘件的长度；L_e—接触电极的
延长段的长度；L_0—验电器的总长度；A_1—插入深度（长度）

表 6-2　　　　　　　　　　　　　　验电器的绝缘性能要求

额定电压 U_N （kV）	最小有效绝缘长度 L_1 （mm）	最小手柄长度 L_2 （mm）	接触电极最大裸露长度 L_e （mm）	额定电压 U_N （kV）	最小有效绝缘长度 L_1 （mm）	最小手柄长度 L_2 （mm）	接触电极最大裸露长度 L_e （mm）
10	700	115	40	110	1300	115	400
35	900	115	80	220	2100	115	400
63	1000	115	300	330	3200	115	400

注　1. 对于适用于一定电压范围的验电器，其最小有效绝缘长度由 $U_{N \cdot max}$ 确定。

　　2. 对于适用于一定电压范围的验电器，其接触电极最大裸露长度由 $U_{N \cdot max}$ 确定。

验电器的管理应按带电作业绝缘工器具管理。验电器的使用应根据电压选择，不得用不同电压等级的验电器进行验电。验电前，应在作业现场同电压等级有电的设备上验电，确认验电器合格。在现场无带电设备时，应采用工频高压发生器检验验电器合格。

验电时，作业人员应带绝缘手套，将验电器逐步靠近被验电设备，根据声光信号来判断设备是否带电。验电时，应先验低压、后验高压，先验下层、后验上层，三相导线均应进行验电。

《国家电网公司电力安全工作规程（线路部分）》规定，高压验电器在使用前必须在有电的高压线路或工频高压发生器上进行实验，确认高压验电器工作良好后再进行对高压线路验电检测。

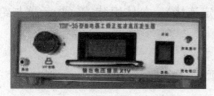

图 6-6　工频正弦波高压发生器

工频高压发生器应选择有一定电压调节范围的仪器。使用前必须牢固的接好地线，关机后再取掉地线。在工作时，应与同电压等级的带电设备进行安全管理。在验电前应确认输出电压与被试验电器一个电压等级，不得跨电压等级试验。图 6-6 为工频正弦波高压发生器。

四、绝缘拉闸杆

高压拉闸杆（又称绝缘操作棒、绝缘杆、令克棒等），绝缘拉闸杆是用于短时间对带电设备进行操作的绝缘工具，如接通或断开高压隔离开关、跌落熔丝具等。

GB 13398—2008《带电作业用空心绝缘管、泡沫填充绝缘管和实心绝缘棒》对绝缘拉闸杆的绝缘杆件作了规定。

1. 绝缘拉闸杆结构

操作杆的接头宜采用固定式绝缘接头，接头连接应紧密牢固。

接口式绝缘操作杆是比较常用的一种绝缘杆。分节处采用螺旋接口，最长可做到 10m，可分节装袋携带方便。

伸缩式绝缘操作杆 3 节伸缩设计，一般最长做到 6m，质量轻，体积小，易携带，使用方便，可根据使用空间伸缩定位到任意长度，有效地克服了接口式绝缘子操作杆因长度固定而使用不便的缺点。

游刃式高压拉闸杆接口处采用游刃设计，旋紧后不会倒转。

用空心管制造的操作杆的内、外表面及端部必须进行防潮处理，并用堵头在空心管的两端进行封堵，以防止内表面受潮和脏污。

固定在操作杆上的接头宜采用比拉闸杆强度高的材料制作，对金属接头，其长度不应超过 100mm，端部和边缘应加工成圆弧形。

2. 绝缘拉闸杆的尺寸

操作杆的总长度由最短有效绝缘长度、端部金属接头长度和手持部分长度的总和决定，其各部分长度应符合表 6-3 的规定。

表 6-3　　　　　　　　　　　操作杆各部分长度要求

额定电压 （kV）	最短有效 绝缘长度 （m）	端部金属接头 长度不大于 （m）	手持部分长度 不小于（m）	额定电压 （kV）	最短有效 绝缘长度 （m）	端部金属接头 长度不大于 （m）	手持部分长度 不小于（m）
10	0.70	0.10	0.60	220	2.10	0.10	0.90

额定电压 （kV）	最短有效 绝缘长度 （m）	端部金属接头 长度不大于 （m）	手持部分长度 不小于（m）	额定电压 （kV）	最短有效 绝缘长度 （m）	端部金属接头 长度不大于 （m）	手持部分长度 不小于（m）
35	0.90	0.10	0.60	330	3.20	0.10	1.00
63	1.00	0.10	0.60	300	4.10	0.10	1.00
110	1.30	0.10	0.70				

五、绝缘手套

绝缘手套（见图 6-7）是在高压电气设备上进行操作时使用的辅助安全用具，可用于操作高压隔离开关、高压跌落式熔断器、油断路器等。在低压带电设备上工作时可把它作为基本安全用具使用。绝缘手套可使人的两手与带电物绝缘，是防止工作人员同时触及不同极性带电体而导致触电的安全用具。

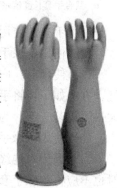

图 6-7 绝缘手套

GB/T 17622—2008《带电作业用绝缘手套》对绝缘手套作了规定。

绝缘手套按使用方法分为常规型绝缘手套和复合型绝缘手套。常规型绝缘手套自身不具备机械保护性能，一般要配合机械防护手套使用；复合绝缘手套是自身具备机械保护性能的绝缘手套，可以不用配合机械防护手套使用。

绝缘手套按电压等级分为 0、1、2、3、4 五级，见表 6-4。

表 6-4　　　　　　　　　　　适用于不同电压等级的手套

级　　　别	交流电压（V）	级　　　别	交流电压（V）
0	380	3	20 000
1	3000	4	35 000
2	10 000		

注　在三相系统中电压指的是线电压

绝缘手套按特殊用途分为 A、H、Z、R、C 型五种类型，见表 6-5。

表 6-5　　　　　　　　　　　特殊性能绝缘手套类型

型　　　号	特　殊　性　能	型　　　号	特　殊　性　能
A	耐酸	R	耐酸、油和臭氧
H	耐油	C	耐低温
Z	耐臭氧		

手套的长度见表 6-6。

表 6-6　　　　　　　　　　　手　套　长　度

级　　　别	长度[b]（mm）				
0	280	360	410	460	—

级　别	长度b（mm）			
1	—	360	410	460	800ᵃ
2	—	360	410	460	800ᵃ
3	—	360	410	460	800ᵃ
4			410	460	—

a　表示仅复合绝缘手套有。

b　复合手套长度偏差允许±20mm，其余类型手套长度偏差均为±15mm。

绝缘手套的使用及保管：

（1）使用绝缘手套前，应检查是否超过有效期。

（2）使用前，应进行外观检查是否完好，表面有无损伤、破漏、划痕等。应检查是否漏气，方法如下：将手套朝手指方向卷曲，当卷到一定程度时，内部空气因体积减小，压力增大，手指若竖起，为不漏气者，即为良好。

（3）使用绝缘手套时，应将外衣袖口放入手套的伸长部分里。

（4）因为对绝缘手套有电气的要求，所以不能用医疗或化学用的手套代替绝缘手套，同时也不应将绝缘手套用作他用。

（5）绝缘手套使用后应擦净、晾干，最好洒上一些滑石粉，以免粘连。

（6）绝缘手套应统一编号，现场使用的绝缘手套最少应保持两副。

（7）绝缘手套应存放在干燥、阴凉的地方，存放在专用的柜内，与其他工具分开放置，其上部不得堆放任何物体，以免刺破手套。

（8）绝缘手套不允许放在过冷、过热、阳光直射和有酸、碱、药品的地方，以防胶质老化，降低绝缘性能。

六、绝缘鞋

电绝缘鞋是从事电气工作的安全辅助用具，在电气作业中配合基本安全用具使用，不可以接触带电部分，但可以防止跨步电压对人身的伤害。

GB 12011—2009《足部防护 电绝缘鞋》、DL/T 676—2011《带电作业用绝缘鞋（靴）通用技术条件》对绝缘鞋进行了规定。

1. 产品分类与品种款式

（1）按帮面材料分类有电绝缘皮鞋类、电绝缘布面胶鞋类、电绝缘胶面胶鞋类、电绝缘塑料鞋类。

（2）按帮面高低分类有低帮电绝缘鞋、高腰电绝缘鞋、半筒电绝缘靴、高筒电绝缘靴。

（3）按电压等级分类有3～10kV（工频）绝缘鞋（靴）、0.4kV（工频）及以下绝缘鞋（布面、皮面、胶面）。

2. 购置时的注意事项

在购置时应检查标志和包装。

（1）在每双电绝缘鞋的内帮或鞋底上应有标准号（GB 12011）、电绝缘字样（或英文的缩写"EH"）、闪电标记和耐电压数值。

（2）制造厂名、鞋号、产品或商标名称、生产年月日及电绝缘性能出厂检验合格印章。

（3）每双电绝缘鞋应用纸袋、塑料袋或纸盒包装。在袋或盒上应有的内容是：产品名（例：6kV牛革面绝缘皮鞋、5kV绝缘布面胶鞋、20kV绝缘胶靴等）、标准号（GB 12011）、制造厂名称、鞋号、商标和使用须知等。

3. 使用时的注意事项

（1）耐电压15kV以下的电绝缘皮鞋和电绝缘布面胶鞋适用于工频电压1kV以下的作业环境；耐电压15kV以上的电绝缘胶靴和电绝缘塑料靴适用于工频电压1kV以上的作业环境。在使用时必须严格遵守电业安全工作规程的有关规定。

（2）穿用电绝缘皮鞋和电绝缘布面胶鞋时，其工作环境应能保持鞋面干燥。

（3）穿用任何电绝缘鞋均应避免接触锐器、高温和腐蚀性物质，防止鞋受到损伤，影响电性能。凡帮底有腐蚀、破损之处，不能再以电绝缘鞋穿用。

（4）经预防性检验的电绝缘鞋耐电压和泄漏电流值应符合标准要求，否则不能使用。每次预防性检验结果有效期限不超过6个月。

图6-8和图6-9分别为高压电绝缘鞋和低压电绝缘鞋。

图6-8　高压电绝缘鞋

图6-9　低压电绝缘鞋

七、核相器

核相器（见图6-10）是固定在绝缘杆端部，用来检测相位和电压的带电作业器具。它主要由两只绝缘杆、导线触钩、电压指示表头、连接线等组成。

DL/T 971—2005《带电作业用交流1kV～35kV便携式核相仪》对核相器作了规定。

核相器有如下分类方式。

（1）按连接方式分为接触式和无线式两种。

（2）按指示方式分为指针式和数字式，均应附加发声指示。

（3）按精度分为：①A类，相位角30°～330°之间的不正确相位的指示；②B类，相位角60°～300°之间的不正确相位的指示；③C类，相位角110°～250°之间的不正确相位的指示；④D类，特别指定生产的不正确相位的指示。

无线核相器是实现高压电力线路相位无线检测的一种仪器。主要利用无线电理论采集电力线路的相位信息，通过发送和接收两个装置，实现了高压线路相位的无线检测。接收和发送装置上均装有电极，可以同被测导线相连，同时电极又作为发送装置发射信号的天线和接收装置接收信号的天线，使用时发送装置和接收装置用绝缘操作杆挂在导线上。发送装置正常工作后将采集的电网电压信号进行处理及调制后发射，接收装置将接收到的发送装置的电网电压信号解调后与接收装置本身采集的电网电压信号进行实时比较，即可测出其相位差值。相位差小于 10°为同相，相位差值大于 30°为异相。

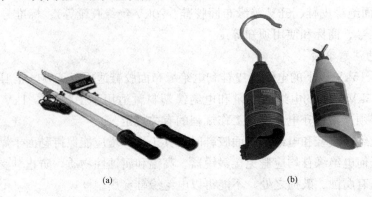

图 6-10　核相器
（a）高压接触式核相器；（b）无线非接触式核相器

使用核相器的注意事项：

（1）高压核相器甲棒和乙棒应分别接地，工作中某棒地线脱落应停止工作，接好后再进行测量。

（2）高压核相器应置于干燥处，使用前应使用 2000V 绝缘电阻测试仪测量绝缘电阻值，10kV 定相器触勾对接地绝缘电阻应大于 60MΩ。

（3）现场工作最好四人，但不得少于三人，填写带电作业工作票。

（4）高压核相器设计中已尽量减少金属裸露部分，但工作中仍应高度思想集中，防止造成线间短路和接地事故。

八、接地线

接地线是为了防止停电线路上意外地出现电压时，使作业点的电位控制在人体允许的范围之内，从而保证工作人员安全的重要工具。图 6-11 为成套接地线。

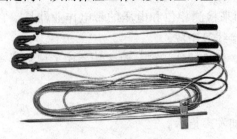

图 6-11　成套接地线

DL/T 879—2004《带电作业用便携式接地和接地短路装置》、《国家电网公司电力安全规程（线路部分）》对接地线作了规定。

成套接地线可按如下方式分类。

（1）按连接导线根数分为单相接地线（高杆塔）、三相接地线（高压线路或变电站设备）、四相接地线（三相四线制低压线路）等。

（2）按与导体连接方式分为平口螺旋接地棒（户内母排、变电母排），圆口螺旋接地棒（户内线路、变电线路），双簧压紧式接地棒（户内线路、变电线路），手握式接地棒（户内母排、变电母排），撞击式单相接地线（横担及杆塔连接可靠、接地良好）等。

使用接地线的注意事项：

（1）成套接地线应由有透明护套的多股软铜线组成，其截面不准小于 25mm²，同时应满足装设地点短路电流的要求。

（2）成套接地线主要由多股软铜线、透明护管、绝缘杆、专用线夹、接地端或者临时接地棒组成。

（3）接地线在使用前应检查软铜线无端股损伤，三相软铜线短接可靠，软铜线与线夹连接螺栓紧固等。

（4）使用时，尽量采用电气设备上的专用接地端子连接接地端，作业现场无接地引下线时，可采用临时接地体（接地棒），接地体的截面积不准小于190mm²，接地体在地下深度不准小于0.6m。特殊高土壤电阻率地区应根据情况制定相应的措施，如增加接地极、增加长度等。

（5）装设接地线时，应先接接地端，后接导线端，接地线要接触良好，连接可靠。拆接地线的顺序与此相反。同杆塔架设的多层电力线路挂设接地线时，应先挂低压，后挂高压，先挂下层、后挂上层，先挂近侧、后挂远侧，拆除顺序相反。

九、个人保安线

个人保安线（见图6-12）与接地线原理基本相同，它是停电检修作业安全措施中的一种补充。个人保安线也是由多股软铜线、透明护管、绝缘杆、专用线夹、接地端组成。软铜线截面不得小于16mm²。

个人保安线主要使用在邻近、平行、交叉跨越及同杆塔架设线路，为了防止在检修线路上感应电伤人，在需要接触或接近的导线上工作时而使用。个人保安线装拆程序与接地线相同，由作业人员负责自行装拆。

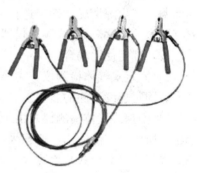

图6-12　个人保安线

十、有害气体检测仪

有害气体检测仪是检测指定的环境中存在和可能泄漏的有害气体含量、种类的仪器。配电线路作业时使用，是作业人员进入密闭、狭窄空间，如电缆沟道、夹层、竖井等区域，为了防止该空间含氧量不足或富氧、以及存在有害气体而进行检测气体的仪器。

1. 有害气体检测仪分类方式

（1）按使用方法分类。

1）便携式有害气体检测报警仪（见图6-13）小巧轻便，便于携带，一般泵吸式采样，可随时随地进行检测。

图6-13　便携式有害气体
检测报警仪

2）固定式有害气体检测报警仪这类仪器固定在现场，连续自动检测相应有害气体，有害气体超限自动报警，有的还可自动控制排风机等。固定式仪器分为一体式和分体式两种。一体式固定有害气体检测报警仪与便携式仪器一样，不同的是安装在现场，连续自动检测报警，多为扩散式采样。分体式固定有害气体检测报警仪，传感器和信号变送电路组装在一个防爆壳体内，俗称探头，安装在现场（危险场所）；第二部分包括数据处理、二次显示、报警控制和电源，组装成控制器，俗称二次仪表，安装在控制室（安全场所）。探头扩散式采样检测，二次仪表显示报警。

（2）按被测对象及传感器原理分类。

1）可燃气体检测报警仪（简称测爆仪LEL，一种仪器检测多种可燃气体）：①催化燃烧式可燃气体检测报警仪，检测各种可燃气体或蒸气；②半导体式可燃气体检测报警仪，检测多种可燃气体；③红外式可燃气体检测报警仪，检测各种可燃气体（根据滤光技术而定）；④热导式可燃气体检测报警仪，检测其热导与空气差别较大的氢气等。

2）电化学式有毒气体检测报警仪，检测 CO、H_2S、NO、NO_2、CL_2、HCN、NH_3、PH_3 及多种有毒有机化合物。

3）有毒气体检测报警仪（简称测毒仪，一种仪器检测一种有毒气体）：①光电离式有毒气体检测报警仪，检测离子化电位小于 11.7eV 的有机和无机化合物；②红外式有毒气体检测报警仪，检测 CO、CO_2 等；③半导体式有毒气体检测报警仪，检测 CO 等。

2. 有害气体检测仪选择原则

（1）确认所要检测气体种类和浓度范围。配电线路作业现场主要是针对电缆沟道、变电站（高压室、环网柜、箱式变电站等）夹层、竖井等狭窄或密闭空间开展的气体检测。所以应具备氧气检测低氧及富氧的仪器；其次，由于沟道内积水存在沼气等可燃气体，故应选择 LEL 检测仪，测量可燃气体的爆炸底线气体含量；最后根据沟道与环境中存在有毒有害气体泄漏、产生等情况，确定选择有害气体的种类，如一氧化碳、硫化氢、芳香烃、卤代烃、氨（胺）、醚、醇、脂等测量仪器。

（2）确定使用场合。

1）固定式气体检测仪。主要根据沟道存在气体的可能性，敷设电缆的重要程度确定是否安装固定连续监测的装置。

2）便携式气体检测仪。由于便携式仪器操作方便，体积小巧，可以携带至不同的生产部位，所以被广泛使用。普遍采用的有氧气、可燃气体（LEL）、有害气体等不同组合的便携式多气体（复合式）检测仪。

3. 使用时的注意事项

如果是进入密闭空间，比如反应罐、储料罐或容器、下水道或其他地下管道、地下设施、农业密闭粮仓、铁路罐车、船运货舱、隧道等工作场合，在人员进入之前，就必须进行检测，而且要在密闭空间外进行检测。此时，就必须选择带有内置采样泵的多气体检测仪。因为密闭空间中不同部位（上、中、下）的气体分布和气体种类有很大的不同。比如：一般意义上的可燃气体的比重较轻，它们大部分分布于密闭空间的上部；一氧化碳和空气的比重差不多，一般分布于密闭空间的中部；而像硫化氢等较重气体则存在于密闭空间的下部。同时，氧气浓度也是必须要检测的种类之一。因此一个完整的密闭空间气体检测仪应当具有以下功能：①内置泵吸功能，以便可以非接触、分部位检测；②多气体检测功能，以检测不同空间分布的危险气体，包括无机气体和有机气体；③具有氧检测功能，防止缺氧或富氧，体积小巧，不影响工人工作的便携式仪器。只有这样才能保证进入密闭空间的工作人员的绝对安全。

另外，进入密闭空间后，还要对其中的气体成分进行连续不断的检测，以避免由于人员进入、突发泄漏、温度等变化引起挥发性有机物或其他有毒有害气体的浓度变化。

如果用于应急事故、检漏和巡视，应当使用泵吸式、响应时间短、灵敏度和分辨率较高的仪器，这样可以很容易判断泄漏点的方位。

使用复式气体检测仪时，需要注意，在选择检测仪时，最好选择具有单独开关各个传感器功能的仪器，以防止由于一个传感器损害影响其他传感器使用。同时，为了避免由于进水等堵塞吸气泵情况发生，选择具有停泵警报的智能泵设计的仪器。

● 第二节　巡视及常用工器具

配电线路运行人员在工作中，携带的工器具对保证设备安全运行，开展状态评估、运行分析和资料管理起着积极的作用。本节重点就运行人员使用的巡视期间需携带的工器具以及配电线路维护人员常用小工具等进行介绍。

一、配电线路巡视工器具

巡视种类（如定期巡视、特殊巡视、夜间巡视、故障巡视、监察巡视等）不同，完成工作的目的不同，携带的工器具也有所区别，明细见表 6-7。

表 6-7   巡视工器具明细表

名　　称	规格型号	数　　量	巡视种类	注意事项
望远镜	倍数不小于 8×30	1 只/人	各种巡视	不得观测太阳，防止刺伤眼睛
钢卷尺	5m	1 只/人	各种巡视	注意与带电设备的安全距离满足要求
活络扳手	250mm×30mm	1 把/人	各种巡视	
活动扳手	300mm×36mm	1 把/人	各种巡视	
钢丝钳	8″	1 把/人	各种巡视	
砍刀（或手锯）		1 把/人	定期巡视	使用时注意不要伤人
照相机		1 台/人	各种巡视	
绳尺	绝缘 φ4×40	1 条/人	定期及特巡	要定期进行烘干、电气试验，按规定进行保管，使用前检查合格
平口螺丝刀		1 把/人	各种巡视	
有害气体测试仪	四组分	1 台/巡视组	沟道各种巡视	使用前检查在开启状态
照明灯具		1 盏/1 人	夜间或沟道巡线	使用前检查充电情况
脚扣	根据攀登电杆确定	2 付	故障巡线	使用前检查合格
安全带	围杆式	2 付	故障巡线	使用前检查合格
巡检仪（PDA）		1 副/人		
巡视工具包				
通信工器具				根据巡视地点情况选择使用
安全帽		1 顶/人	故障巡线	使用前检查合格

二、树木修剪工器具

树木修剪工器具主要有手锯、高枝剪、油锯、高枝油锯、绳索等。

1. 手锯

手锯是切割用手动工具。花卉、苗木、果树、园林树木等绿色植物修剪用工具，一般锯刃长度 180～350mm。

QB/T 2289.6—2001《园艺工具手锯》对手锯作了规定。

手锯的型式，按其结构分为普通式（用 P 表示）和折叠式（用 Z 表示）两种，见图 6-14 和图 6-15。而且每种型式的手锯按其刃线分为直线型（用 1 表示）和弧线型（用 2 表示），普通直线手锯见图 6-16。按适用范围分为木工锯、园林锯、雕刻锯等。

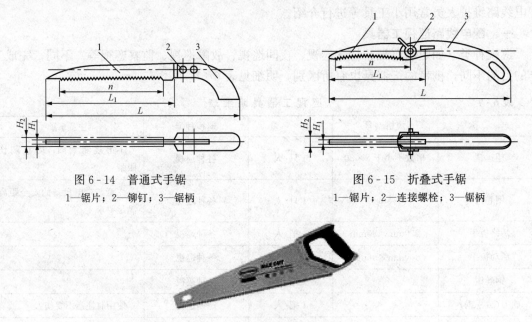

图 6-14　普通式手锯　　　　　　　　　　图 6-15　折叠式手锯
1—锯片；2—铆钉；3—锯柄　　　　　　　　1—锯片；2—连接螺栓；3—锯柄

图 6-16　普通直线手锯实物图

手锯基本尺寸见表 6-8。

表 6-8 　　　　　　　　　　　　　手 锯 基 本 尺 寸 　　　　　　　　　　　　　（mm）

规　格		L_{max}	$L_{1 \cdot max}$	H_{min}	$H_{1 \cdot min}$	n（齿距×齿数）
P 型	340	345	218	0.8	$1.5 \times H$	3.5×56
	400	405	265	0.9	$1.5 \times H$	3.5×58
Z 型	390	395	235	1.1	$2 \times H$	4.25×43

2. 高枝剪

高枝剪是园林园艺修剪工具，主要针对小树高空枝条进行剪除作业。高枝剪由剪头、剪杆、操作杆（绳）等组成。

QB/T 2289.3—1997《园艺工具 高枝剪》对高枝剪进行了规定。

高枝剪按操作方法分为手捏高枝剪、绳索高枝剪，按刀头分为枝剪型、铡刀型。剪杆配备多是玻璃钢纤维杆、合金杆、电力线路用绝缘杆等，剪杆长度一般有 3、3.5、4、5m 等。高枝剪的型式如图 6-17 所示，绝缘杆高枝剪和高枝剪刀头分别见图 6-18 和图 6-19。

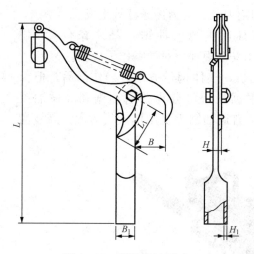

图 6-17　高枝剪的型式

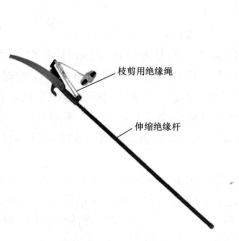

图 6-18　绝缘杆高枝剪

图 6-19　高枝剪刀头

高枝剪基本尺寸见表 6-9。

表 6-9　　　　　　　　　　　　**高 枝 剪 基 本 尺 寸**　　　　　　　　　　　　（mm）

L		L_1		B		B_1		H		H_1	
基本尺寸	偏差	基本尺寸	偏差	基本尺寸	偏差	基本尺寸	偏差	基本尺寸	偏差	基本尺寸	偏差
290	±5	60	±2	43	±2	$\phi 30$	±5	8	±0.5	2	−0.5

使用高枝剪的注意事项：在带电设备附近使用高枝剪前，应检查绝缘杆、绝缘绳合格，各部件连接可靠、灵活。修剪树木时，应注意整个操作过程保持树木与带电设备的距离满足规程要求，必要时采取其他措施控制树木与带电体的距离，如绝缘绳固定树枝等。

3. 油锯

油锯是用以伐木和造材的动力锯。供电部门使用目的为修剪或砍伐危及电力设施安全的树木。油锯由汽油机、切割刀具、动力传送杆等组成。

GB/T 5392—2004《林业机械　油锯　技术条件》、GB 10285—1999《油锯　使用安全规程》对油锯作了规定。

油锯动力为汽油发动机，整体携带方便，操作简易，但保养和修理较复杂。油锯根据长短可分为普通油锯和高枝油锯（见图 6-20 和图 6-21），普通油锯主要用作砍伐树木，高枝油锯主要用于修剪树木。

图 6-20　普通油锯

图 6-21　高枝油锯

（1）修剪树枝的方法。修剪时先剪下口，后剪上口，以防夹锯。切割时应先剪切下面的树枝。重的或大的树枝要分段切割。操作时右手握紧操作手柄，左手在把手上自然握住，手臂尽量伸直。机器与地面构成的角度不能超过 60°，但角度也不能过低，否则也不易操作。为了避免损坏树皮、机器反弹或锯链被夹住，在剪切粗的树枝时先在下面一侧锯一个卸负荷切口，即用导板的端部下切出一个弧形切口。如果树枝的直径超过 10cm，首先进行预切割，在所需切口处 20~30cm 的地方进行卸负荷切口和切断切口，然后用枝锯在此处切断。

（2）安全操作规程。按规定穿工作服和戴相应劳保用品，如头盔、防护眼镜、手套、工作鞋等，还应穿颜色鲜艳的背心。机器运输中应关闭发动机，加油前必须关闭发动机。工作中热机无燃油时，应在停机 15min，发动机冷却后再加油。起动前检查高枝锯的操作安全状况。起动高枝锯时，必须与加油地点保持 3m 以上的距离。不要在密闭的房间使用高枝锯。不要在使用机器时或在机器附近吸烟，防止产生火灾。工作时一定要用两只手抓稳高枝锯，必须站稳，注意滑倒危险。

（3）使用注意事项。

1）刀具部分新机使用时，应注意锯链的松紧程度，以能推动锯链转动，用手提锯链，导齿与导板平行为宜，使用几分钟后，注意再次张紧锯链。

2）作业前，周围 70m 以内，不允许有人或动物走动。一定要检查草地上有没有角铁、石头等杂物，清除草地上的杂物。

3）机器的保管。如果 3 个月以上不使用油锯，则要按以下方法保管：在通风处放空汽油箱，并清洁。放干化油器，否则化油器泵膜会粘住，影响下次启动。取下锯链和导板，清洁并检查。彻底清洁整台机器，特别是汽缸散热片和空气滤清器。如使用链条润滑油，要将润滑油箱灌满。机器放置在干燥安全处保管，以防无关人员（如小孩）接触。

三、个人常用小工具

常用个人小工具主要有螺丝刀、活络扳手、电工钳、电工刀、测电笔等。

1. 电工钳（见图 6-22）

其他名称：钢丝钳、花腮钳、克丝钳。

用途：用于夹持或弯折薄片形、圆柱形金属零件及切断金属丝，其旁刃口也可用于切断细金属丝。

QB/T 2442.2—2007《夹扭剪切钳　电工钳》对电工钳作了规定。

电工钳规格分柄部不带塑料套表面发黑或镀铬和带塑料套两种，长度有 165、190、215、250mm 4 种。

2. 螺丝刀

其他名称：改锥、螺丝起子等。

一种用来拧转螺丝钉以迫使其就位的工具，通常有一个薄楔形头，可插入螺丝钉头的槽缝或凹口内。主要有一字（负号，见图 6-23）和十字（正号）两种。

3. 活络扳手（见图 6-24）

图 6-22　电工钳　　　　图 6-23　一字螺丝刀　　　　图 6-24　活络扳手

活络扳手又叫活扳手，是一种旋紧或拧松有角螺丝钉或螺母的工具。

GB 4440—2008《活扳手》对活扳手进行了规定。

活络扳手规格按总长度区分，有 100、150、200、250、300、375、450、600mm 等。电工常用的有 200、250、300mm 三种，应根据螺母的大小选配。

使用时，右手握手柄。手越靠后，扳动起来越省力。

扳动小螺母时，因需要不断地转动蜗轮，调节扳口的大小，所以手应握在靠近呆扳唇，并用大拇指调制蜗轮，以适应螺母的大小。活络扳手的扳口夹持螺母时，应呆扳唇在上，活扳唇在下。活扳手切不可反过来使用。

在扳动生锈的螺母时，可在螺母上滴几滴煤油或机油，这样就容易拧动了。在拧不动时，切不可采用钢管套在活络扳手的手柄上来增加扭力，因为这样极易损伤活络扳唇。不得把活络扳手当锤子用。

4. 电工刀（见图 6-25）

电工刀是电工常用的一种切削工具。普通的电工刀由刀片、刀刃、刀把、刀挂等构成。

QB/T 2208—1996《电工刀》对电工刀作了规定。

不用时，把刀片收缩到刀把内。刀片根部与刀柄相铰接，其上带有刻度线及刻度标识，前端有螺丝刀刀头，两面加工有锉刀面区域，刀刃上具有一段内凹形弯刀口，弯刀口末端形成刀口尖，刀柄上设有防止刀片退弹的保护钮。电工刀的刀片汇集有多项功能，使用时只需一把电工刀便可完成连接导线的各项操作，无需携带其他工具，具有结构简单、使用方便、功能多样等优点。

图 6-25 电工刀

电工刀的使用方法及注意事项如下：

（1）用电工刀剖削电线绝缘层时，可把刀略微翘起一些，用刀刃的圆角抵住线芯。切忌把刀刃垂直对着导线切割绝缘层，因为这样容易割伤电线线芯。

（2）导线接头之前应把导线上的绝缘剥除。用电工刀切剥时，刀口千万别伤着芯线。常用的剥削方法有级段剥落和斜削法剥削，电工刀的刀刃部分要磨得锋利才好剥削电线。但不可太锋利，太锋利容易削伤线芯，磨得太钝，则无法剥削绝缘层。

（3）磨刀刃一般采用磨刀石或油磨石，磨好后再把底部磨点倒角，即刃口略微圆一些。对双芯护套线的外层绝缘的剥削，可以用刀刃对准两芯线的中间部位，把导线一剖为二。

（4）圆木与木槽板或塑料槽板的吻接凹槽，就可采用电工刀在施工现场切削。通常用左手托住圆木，右手持刀切削。

（5）利用电工刀还可以削制木榫、竹榫等。

（6）多功能电工刀的锯片可用来锯割木条、竹条，制作木榫、竹榫。多功能电工刀除了刀片外，还有锯片、锥子、扩孔锥等。

（7）在硬杂木上拧螺丝很费劲时，可先用多功能电工刀上的锥子锥个洞，这时拧螺丝便省力多了。

（8）圆木上需要钻穿线孔，可先用锥子钻出小孔，然后用扩孔锥将小孔扩大，以利较粗的电线穿过，这是又一种多功能电工刀。

（9）多功能电工刀除了刀片以外，有的还带有尺子、锯子、剪子和开啤酒瓶盖的开瓶扳手等工具。

（10）电线、电缆的接头处常使用塑料或橡皮带等作加强绝缘，这种绝缘材料可用多功能电工刀的剪子将其剪断。

（11）电工刀上的钢尺可用来检测电器尺寸。

5. 试电笔

试电笔也叫测电笔，简称"电笔"。是一种电工工具，用来测试电线中是否带电。试电笔由笔尖金属体、电阻、氖管、笔身、小窗、弹簧和笔尾的金属体组成。

目前有的试电笔有螺丝刀式试电笔［见图 6-26（a）］和感应式试电笔［见图 6-26（b）］。螺丝刀式试电笔形状为一字螺丝刀，可以兼做试电笔和一字螺丝刀用。感应式试电笔采用感应式测试，无需物理接触，可检查控制线、导体和插座上的电压或沿导线检查断路位置。因此极大地保障了维护人员的人身安全。

试电笔使用及注意事项：

（1）试电笔测试电压的范围通常为 60～500V。

（2）当试电笔测试带电体时，只要带电体、电笔和人体，大地构成通路，并且带电体与大地之间的电位差超过一定数值（例如 60V），试电笔之中的氖管就会发光（其电位不论是交流还是直流），这就说明被测物体带电，并且超过了一定的电压强度。

（3）使用试电笔时，人手接触电笔的部位一定是试电笔顶端的金属，而绝对不是试电笔前端的金属探头。使用试电笔要使氖管小窗背光，以便看清它测出带电体带电时发出的红光。笔握好以后，一般用大拇指和食指触摸顶端金属，用笔尖去接触测试点，并同时观察氖管是否发光。如果试电笔氖管发光微弱，切不可就断定带电体电压不够高，也许是试电笔或带电体测试点有污垢，也可能测试的是带电体的地线，这时必须擦干净测电笔或者重新选测试点。反复测试后，氖管仍然不亮或者微亮，才能最后确定测试体确实不带电。

6. 个人手持巡检仪（PDA）

个人手持巡检仪（见图 6-27），是配电线路巡检系统的一个数据录入终端。其功能主要有基础信息对照、电子地图管理、设备定位、巡检管理、缺陷管理等。在设备巡视检查过程中巡视人员携带该终端记录巡视路径、巡视时间，指引巡视设备、录入设备缺陷等。巡检人员收工后，将 PDA 巡检数据传入后台进行数据分析、整理。

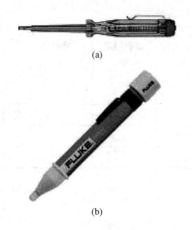

图 6-26　试电笔
（a）螺丝刀式试电笔；（b）感应式试电笔

图 6-27　个人手持巡
检仪（PDA）

7. 尺子

配电线路常用尺子有钢卷尺、绝缘绳尺、皮尺、游标卡尺、钢板尺等。

钢卷尺一般用于停电线路构件、部件、材料尺寸测量，规格有 1、1.5、3、5m 等。严禁在带电线路设备上使用金属材料尺子。

绝缘绳尺一般用于带电线路交叉跨越距离测量，相间距离测量等工作。一般采用 ϕ4mm 锦纶绝缘绳或蚕丝绳制作，长度根据需要确定。

皮尺一般用于测量档距、路径与建筑物距离等。规格一般有 30、60、100m 或根据需求定做。皮尺属非绝缘材料尺，不能用于带电设备上的测量。

游标卡尺一般用于配电设备上精确测量，第五节有详细介绍。

钢板尺一般用于停电设备测量，规格有 200、300、500、1000mm 等。

▶ 第三节　检 修 工 器 具

一、脚扣

脚扣（见图 6-28）是套在鞋上爬登电杆用的一种弧形铁制工具。脚扣的扣环内侧裹有橡胶，防止打滑。

图 6-28 脚扣

《国家电网公司电力安全工作规程（线路部分）》对脚扣进行了规定。

脚扣主要有两类：一类为固定式，主要用于攀登等径电杆；一类为可调式，主要用来攀登拔稍电杆，在攀登过程中随着电杆直径逐步缩小，调整脚扣到倾斜角合适的直径。

脚扣是利用杠杆作用，借助人体自身重量，使另一侧紧扣在电线杆上，产生较大的摩擦力，从而使人易于攀登；而抬脚时因脚上承受重力减小，脚扣自动松开。表6-10为脚扣的适用范围和技术参数。

表 6-10　　　　　　　　　脚扣的适用范围和技术参数

最大开口距离（mm）	质量（kg）	适用拔稍型水泥杆外径（mm）	额定负荷（kN）	试验静负荷（kN）	试验周期（年）	试验时间（min）	备 注
300	3.0～3.5	$\phi190～\phi300$	1.00	1.176	1	5	适用8m杆
350	3.0～3.5	$\phi250～\phi350$	1.00	1.176	1	5	适用10～12m杆
400	3.0～3.5	$\phi250～\phi400$	1.00	1.176	1	5	适用15m杆
450	3.0～3.5	$\phi250～\phi450$	1.00	1.176	1	5	适用18m杆

使用注意事项：

（1）选择合适的脚扣，检查脚扣完好。

（2）登杆人员，应穿工作服、绝缘鞋，戴安全帽、工作手套，系安全带。

（3）攀登前，对脚扣和安全带进行人体荷载冲击试验。

（4）使用脚扣登杆前，必须将铁环完全套入电杆踩紧。如遇雨天、雾天，不宜用脚扣直接登杆；特殊情况，必须采取防滑措施，登杆过程中必须系好安全带。

（5）杆身覆冰、覆霜，严禁用脚扣登杆。

（6）上下杆的每一步，必须使脚扣环可靠套住电杆，防止脚扣脱落。

（7）登杆和下杆时，两手和两脚的配合要协调。

（8）登杆过程中，要注意周围环境，做到上下、左右兼顾。跨越杆身其他附属设备需要退出脚扣才能通过时，应系好安全带方可通过。

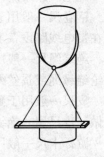

图 6-29　升降板

二、升降板

升降板（见图6-29）是用来攀登电杆的一种工具。由棕绳、木板和挂钩组成（见图6-29）。每副升降板由相同的两个组成。

《国家电网公司电力安全工作规程（线路部分）》对升降板的试验进行了规定（见表6-11）。

表 6-11　　　　　　　　　对升降板试验规定

项 目	周 期	要 求	说 明
静负荷试验	半年	施加2205N静压力，持续时间5min	

升降板是利用棕绳与电杆摩擦力，人体站在木板上，用两个升降板在杆体的上下位置转移，来进行攀登和下杆。

使用注意事项：

(1) 检查升降板完好，棕绳、木板无腐烂、断股等现象。

(2) 登杆人员，应穿工作服、绝缘鞋，戴安全帽、工作手套，系安全带。

(3) 攀登前，对升降板和安全带进行人体荷载冲击试验。

(4) 登杆时，必须沟口朝上，切勿反钩。上下杆过程中，双手必须抓紧升降板绳。

(5) 两脚平稳站在升降板上，并夹住电杆，保持身体平衡。

(6) 跨越杆身其他附属设备时，应系好安全带。

三、梯子

梯子（见图6-30）在供电专业被普遍用于登高或进入沟道。它由两根支柱和若干梯阶组装而成，也有单根支柱两侧固定梯阶组装而成的单柱梯。

GB/T 17889.1—1999《梯子　第1部分：术语、型式和功能尺寸》、GB/T 17889.2—1999《梯子　第2部分：要求、试验和标志》、《国家电网公司电力安全工作规程（线路部分）》对梯子作了规定。

梯子类型可按长度、材料、片数、刚度等分类。

长度主要有3、5、6、9m等，也可根据特定的适用场所专门定做长度。

材料主要有木质、金属、绝缘材料等。一般根据使用场所及作业组织方案选择。

片数主要有单片、单片连接、单片升降、人字、人字升降等。

刚度主要有硬质、软质等。

图6-30　梯子

对竹木梯子试验的规定见表6-12。

表6-12　　　　　　　　　　　　　　对竹木梯子试验的规定

项　目	周　期	要　　求	说　明
静负荷试验	半年	施加1765N静压力，持续时间5min	

使用注意事项：

(1) 应选择长度适中的梯子，不宜过长，不能使用比作业高度低的梯子。

(2) 凡在周围存在带电设备的场所，应选择与带电设备同电压等级的绝缘梯。

(3) 在使用前，应检查梯子坚固完整，有防滑措施。梯子的支柱应能承受作业人员及所携带的工具、材料攀登时的总重量。硬质梯子的横档应嵌在支柱上，梯阶的距离不应大于40cm，并在距离梯顶1m处设限高标志。

(4) 使用单梯工作时，梯与地面的斜角度为60°左右。梯子不宜绑接使用。人字梯应有限制开度的措施。人在梯子上时，禁止移动梯子。

(5) 梯子的下端应具有防滑装置。这种装置应包括（但不限于）安全脚、防滑块、道钉以及平的或圆形的踏脚等。

(6) 两木质梯框的下端都要考虑防滑。

（7）在梯头无坚固的靠住物体时，可采用直立方式攀登。直立梯作业中必须打拉线，每层拉线不少于四根，要求均匀分布在四周。凡整体直立梯的高度超过 8m 应打支拉线，即约束位置在梯体顶部和中部。多层升降梯、升降立管在起立后，每层应设拉线。直立梯的约束拉线对地夹角为 30°～40°。

（8）人字梯高度超过 5m，应在梯子两侧设拉线。

四、紧线器

紧线器是在架空线路敷设施工中作为拉紧导地线或杆塔拉线用的工器具。

紧线器的种类主要有双钩紧线器（见图 6-31）、螺栓紧线器（见图 6-32）、棘轮紧线器（见图 6-33）、全功能紧线器、三角紧线器、虎头紧线器（见图 6-34）等。

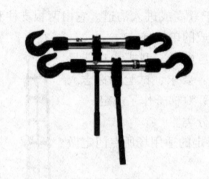

图 6-31 双钩紧线器

图 6-32 螺栓紧线器

图 6-33 棘轮紧线器

图 6-34 虎头紧线器

紧线器的规格主要以拉力规定。

双钩紧线器规格型号见表 6-13。

表 6-13   双钩紧线器规格型号

型号	额定负荷（kN）	极限负荷（kN）	最大中心距（mm）	调节距离（mm）
SJS-1	10	30	840	260
SJS-2	20	60	1030	330
SJS-3	30	90	1350	460
SJS-5	50	125	1440	400
SJS-8	80	160	1660	580

五、卡线器

卡线器（见图6-35）也叫三角紧线器，是用来夹紧导线或地线的一种工具。它与紧线器连接将导线收紧到规定的弛度。

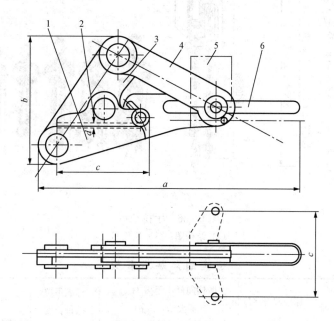

图6-35 卡线器结构图

1—下夹板；2—上夹板；3—压板；4—拉板；5—翼型拉板；6—拉环

卡线器主要规格型号见表6-14。

表6-14　　　　　　　　　　　　卡线器主要规格型号

名称	型　夹　具				
型号	JLK25-70	JLK95-120	JLK150-240	JLK300	JLK400
规格	$\phi12\sim\phi14$	$\phi16\sim\phi20$	$\phi22\sim\phi24$	$\phi26\sim\phi28$	$\phi30\sim\phi32$

六、手拉葫芦

手拉葫芦（见图6-36）是一种使用简单、携带方便的手动起重机械，也称"环链葫芦"或"倒链"。它适用于小型设备和货物的短距离吊运，起重量一般不超过40t。手拉葫芦的外壳材质是优质合金钢，坚固耐磨，安全性能高。

手拉葫芦由吊钩、起重链条、手拉链条、尾环限制装置、导链和挡链装置、滚动轴承、制动器、护罩等组成。

JB/T 7334—2007《手拉葫芦》、JB 9010—1999《手拉葫芦　安全规则》对手拉葫芦作了规定。

手拉葫芦基本参数应符合表6-15的规定。

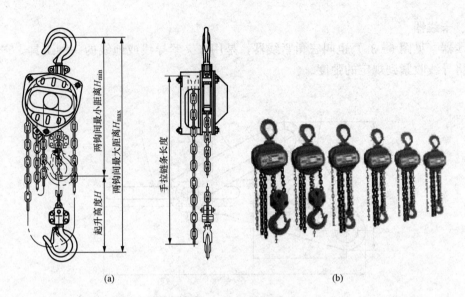

(a)　　　　　　　　　　　　　　(b)

图 6 - 36　手拉葫芦

(a) 结构图；(b) 实物图

表 6 - 15　　　　　　　　　　　手 拉 葫 芦 基 本 参 数

额定起重量 (t)	工作级别	标准起升高度 (m)	两钩间最小距离 H_{min} (不大于，mm)		标准手拉 链条长度 (m)	自重 (不大于，kg)	
			Z 级	Q 级		Z 级	Q 级
0.5			330	350		11	14
1			360	400		14	17
1.6		2.5	430	460	2.5	19	23
2			500	530		25	30
2.5	Z 级		530	600		33	37
3.2	Q 级		580	700		38	45
5			700	850		50	70
8			850	1000		70	90
10		3	950	1200	3	95	130
16			1200	—		150	—
20			1350	—		250	—
32	Z 级		1600	—		400	—
40			2000	—		550	—

　　手拉葫芦是通过拽动手动链条、手链轮转动，将摩擦片棘轮、制动器座压成一体共同旋转，齿长轴便转动片齿轮、齿短轴和花键孔齿轮。这样，装置在花键孔齿轮上的起重链轮就带动起重链条，从而平稳地提升重物。

　　手拉葫芦使用注意事项

　　(1) 每台产品必须附有产品使用维护说明书、生产许可证标记和产品合格证。

　　(2) 产品应有清晰耐久的标牌。

（3）严禁超负荷起吊或斜吊，禁止吊拔埋在地下或凝结在地面上的重物。

（4）悬挂手拉葫芦的支承点必须牢固稳定。

（5）吊挂捆绑用钢丝绳和链条的安全系数应不小于6。

（6）严禁将下吊钩回扣到起重链条上起吊重物。

（7）不允许抛掷手拉葫芦。

（8）不得改动产品的原设计。

（9）更换的零部件必须达到原设计要求。

（10）起吊前的检查。

1）各机件必须完好无损，传动部分及起重链条润滑良好空运转正常。

2）不允许用吊钩钩尖钩挂重物。

3）起重链条不得扭转和打结，双行链手拉葫芦的下吊钩组件不得翻转。

4）吊钩应在重物重心的铅垂线上严防重物倾斜翻转。

（11）操作。

1）操作时应首先试吊，当重物离地后，如运转正常、制动可靠，方可继续起吊。

2）作业时操作者不得站在重物上面操作，也不得将重物吊起后停留在空中而离开现场。

3）起吊过程中严禁任何人在重物下行走或停留。

4）不得使用非手动驱动方式起吊重物。发现拉不动时，不得增加拉力，要立即停止使用，检查重物是否与其他物件牵连、重物重量是否超过了额定起重量、葫芦机件有无损坏等。

5）上升或下降重物的距离不得超过规定的起升高度，以防损坏机件。

6）严禁用2台及2台以上手拉葫芦同时起吊重物。

七、机动绞磨

机动绞磨是一种起重牵引机械，被广泛用于架空线路放紧线、起吊杆塔上的重物、组立电杆，也可用于电力电缆敷设时的牵引机械。

DL/T 733—2000《机动绞磨技术条件》对机动绞磨进行了规定。

机动绞磨主要由磨芯、变速器和动力源（汽油机或柴油机）组成。机动绞磨工作时，通过缠绕在磨芯上一定圈数的钢丝绳来实现牵引和提升、下降的功能。

机动绞磨型号的表示方法如下：

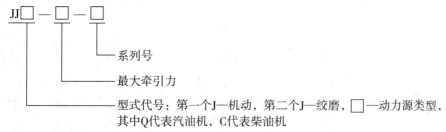

机动绞磨的基本技术参数有型号、最大牵引力（kN）、最大牵引力时牵引速度（m/min）、最大牵引速度（m/min）、磨芯底径（mm）、钢丝绳直径不大于（mm）、动力源（类型、功率、转速）等。

机动绞磨的种类有：汽油机动绞磨机、柴油机动绞磨机（见图6-37）、拖拉机绞磨机（见图6-38）等。

在使用中常用的最大牵引力有3、5、8t等。

图6-37　柴油机动绞磨机　　　　　　　　　图6-38　拖拉机绞磨机

八、滑轮及滑轮组

滑轮是配电线路检修、施工的常用工具之一，它是根据杠杆原理制成的一种简单机械，能借助起重绳索的作用而产生旋转运动，以减轻作用力或改变作用力方向。

按使用位置可分为定滑轮和动滑轮两种；按滑轮制作材料可分为金属滑轮（如铁滑轮、合金滑轮、铝滑轮等，主要用于起重使用），绝缘材料滑轮（主要用于带电作业），尼龙滑轮（主要用于导地线、光缆敷设等）等。滑轮根据用途不同，分类也很多，在配电线路中使用的主要是上述几种类型。

JB/T 9005—1999《起重机用铸造滑轮》对铸造滑轮进行了规定，DL/T 685—1999《放线滑轮基本要求、检验规定及测试方法》对放线滑轮进行了规定。

滑轮组是把定滑轮和动滑轮用绳索连接起来使用被称为滑轮组。根据绳索穿引方向不同，可以分为绳索牵引端从定滑轮绕出和绳索牵引方向从动滑轮绕出的两种滑轮组。由于这两种滑轮组的效率不同，提升同样重物所需的拉力也不同。不同牵引绳绕出方向的钢丝绳滑轮组主要性能见表6-16。

表6-16　　　　　　　　　　不同牵引绳绕出方向的钢丝绳滑轮组主要性能

滑轮组的滑轮数 n	2	3	2	3
滑轮组连接方式				

有效工作绳数	3	4	2	3
单滑轮的阻力系数 ε	0.940	0.940	1.06	10.6
滑轮组的综合效率 η	0.940	0.912	0.916	0.883
提升时所需的拉力 F	0.355Q	0.274Q	0.540Q	0.378Q

提升重物所使用的拉力计算：

动滑轮绕出时按式（6-1）计算

$$F = \frac{Q}{\eta(n+1)} \tag{6-1}$$

定滑轮绕出时按式（6-2）计算

$$F = \frac{Q}{n\eta} \tag{6-2}$$

九、液压压接钳

液压压接钳是用于导线接续管、导线线鼻等金具经过压缩可靠的与导线接触，达到规定的拉力和电阻率的工具。

分体压接钳压接头、分体压钳汽油油泵、整体手头式压接钳分别见图6-39～图6-41。

图6-39 分体压接钳压接头

图6-40 分体压钳汽油油泵

图6-41 整体手动式压接钳

液压压接钳由油箱、动力机构、换向阀、卸压阀、泵油机构组成。

液压压接钳按动力分为手动液压钳、汽油机液压钳、柴油机液压钳、电动液压钳等。动力液压钳一般为分体式。

液压压接钳按压力分为：16、20、30、50、80、100t 等。液压压接钳均带有不同规格的压接模具，根据压接导线及金具型号进行选择。

使用范围：导线连接一般使用 80t 以上压钳，其他一般使用在线鼻的连接等使用。但在选用时应根据工程设计施工要求进行选择。

图 6-42　剪刀型断线钳

十、断线钳

断线钳用于间断各种导线、钢绞线使用的工具。断线钳主要有剪刀型、齿轮型、链条型、液压型四种，在使用时根据用途进行选择。

剪刀型断线钳（见图 6-42）按调整结构分为单连臂式、双连臂式和无连臂式，其钳柄可为管柄或可锻铸铁柄。剪刀型断线钳结构图见图 6-43，液压型断线钳和齿轮型断线钳分别见图 6-44 和图 6-45。

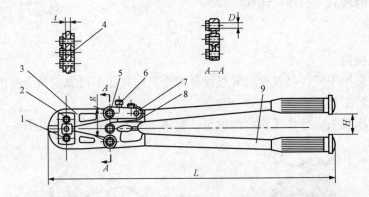

图 6-43　剪刀型断线钳结构图
1—螺栓；2—压板；3—刀片；4—中心轴；5—螺钉；6—调节螺钉；
7—连接片；8—连臂；9—钳柄

图 6-44　液压型断线钳

图 6-45　齿轮型断线钳

QB/T 2206—1996《断线钳》对剪刀型断线钳进行了规定，剪刀型断线钳尺寸见表 6-17。

表 6-17　　　　　　　　　　　　　剪刀型断线钳尺寸

规格	L		D		g		t		H
	基本尺寸	极限偏差	基本尺寸	极限偏差	基本尺寸	极限偏差	基本尺寸	极限偏差	基本尺寸
300	304		6		38		6		
450	460	+10 −5	9		53		8		
600	620		10	H11	62	+2 −1	9.5	h12	≥60
750	765				68		11		
900	910	+15 −5	12		74		13		
1 050	1 070		14		82		15		

十一、绳索

（一）钢丝绳

钢丝绳是由多层钢丝捻成股，再以绳芯为中心，由一定数量股捻绕成螺旋状的绳。在物料搬运机械中，供提升、牵引、拉紧和承载之用。钢丝绳的强度高、自重轻、工作平稳、不易骤然整根折断，工作可靠。

GB 8706—2006《钢丝绳 术语、标记和分类》和 GB 8918—2006《重要用途钢丝绳》对钢丝绳作了规定。

钢丝绳一般由钢丝和绳芯组成。

1. 钢丝绳分类

（1）按拧绕的层次分类。钢丝绳按拧绕的层次可分为单绕绳、双绕绳和三绕绳。

（2）按接触状态分类。钢丝绳也可按股中每层钢丝之间的接触状态分为点接触、线接触或面接触 3 种。

1）点接触的钢丝绳：股中钢丝直径均相同。为使钢丝受力均匀，每层钢丝拧绕后的螺旋角大致相等，但拧距不等，所以内外层钢丝相互交叉，呈点接触状态。

2）线接触的钢丝绳：股中各层钢丝的拧距相等，内外层钢丝互相接触在一条螺旋线上，呈线接触状态。线接触钢丝绳的性能比点接触的有很大改善，所以使用广泛。

3）密封式钢丝绳：面接触绳股的一种，外层用乙形钢丝制成，表面光滑，耐磨性好，与相同直径的其他类型钢丝绳相比，抗拉强度较大，并能承受横向压力，但挠性差、工艺较复杂、制造成本高，常用作承载索，如缆索起重机和架空索道上的缆索。

（3）按钢丝绳的截面分类。除了圆股外，还有三角股、椭圆股和扁股等异型股。与圆股的相比，它们有较高的强度，与卷筒或滑轮绳槽的接触性能好，使用寿命长，但制造较复杂。

GB 8918—2006 提供了钢丝绳分类表，见表 6 - 18。

表 6 - 18　　　　　　　　　钢 丝 绳 分 类

组别	类别	分 类 原 则	典型结构		直径范围（mm）
			钢丝绳	股绳	
1	6×7	6 个圆股，每股外层丝可到 7 根，中心丝（或无）外捻制 1～2 层钢丝，钢丝等捻距	6×7	（1+6）	8～36
			6×9W	（3+3/3）	14～36
2	6×19	6 个圆股，每股外层丝 8～12 根，中心丝外捻制 2～3 层钢丝，钢丝等捻距	6×19S	（1+9+9）	12～36
			6×19W	（1+6+6/6）	12～40
			6×25Fi	（1+5+6F+12）	12～44
			6×26WS	（1+5+5/5+10）	20～40
			6×31WS	（1+6+6/6+12）	22～46
3	6×37	6 个圆股，每股外层丝 14～18 根，中心丝外捻制 3～4 层钢丝，钢丝等捻距	6×29Fi	（1+7+7F+14）	14～44
			6×36WS	（1+7+7/7+14）	18～60
			6×37S（点线接触）	（1+6+15+15）	20～60
			6×41WS	（1+8+8/8+16）	32～54
			6×45SWS	（1+8+8+8/8+15）	35～60
			6×55SWS	（1+9+9+9/9+18）	35～64

注：组别 1、2、3 中间"类别"栏左侧为"圆股钢丝绳"。

组别	类别	分 类 原 则	典型结构		直径范围
			钢丝绳	股绳	（mm）
4	8×19	8个圆股，每股外层丝 8～12 根，中心丝外捻制 2～3 层钢丝，钢丝等捻距	8×15S	（1＋9＋9）	20～44
			8×19W	（1＋5＋5/6）	18～43
			8×25Fi	（1＋6＋6F＋12）	16～52
			8×26WS	（1＋5＋5/5＋10）	24～48
			8×31WS	（1＋6＋6/6＋12）	25～55
5	8×37	8个圆股，每股外层丝 14～16 根，中心丝外捻制 3～4 层钢丝，钢丝等捻距	8×36WS	（1＋7＋7/7＋14）	22～60
			8×41WS	（1＋8＋8/8＋16）	40～56
			8×49SWS	（1＋8＋8＋8/8＋16）	44～64
			8×55SWS	（1＋9＋9＋9/9＋18）	44～64
6	18×7	钢丝绳中有 17 或 18 个圆股，每股外层丝 4～7 根，在纤维芯或钢芯外捻制 2 层股	17×7	（1＋4）	12～60
			18×7	（1＋4）	12～60
7	18×19	钢丝绳中有 17 或 18 个圆股，每股外层丝 8～12 根，钢丝等捻距，在纤维芯或钢芯外捻制 2 层股	18×19W	（1＋6＋6/6）	24～60
			18×19S	（1＋9＋9）	28～60
8	34×7	钢丝绳中有 34～36 个圆股，每股外层丝可到 7 根，在纤维芯或钢芯外捻制 3 层股	34×7	（1＋6）	12～60
			36×7	（1＋6）	20～60
9	35W×7	钢丝绳中有 24～40 个圆股，每股外层丝 4～8 根，在纤维芯或钢芯（钢丝）外捻制 3 层股	35W×7	（1＋6）	16～60
			24W×7		
10	6V×7	6个三角形股，每股外层丝 7～9 根，三角形股芯外捻制 1 层钢丝	6V×16	（/3×2＋3/＋9）	20～36
			6V×19	（/1×7＋3/＋9）	20～36
11	6V×19	6个三角形股，每股外层丝 10～14 根，三角形股芯或纤维芯外捻制 2 层钢丝	6V×21	（FC＋9＋12）	18～35
			6V×24	（FC＋12＋12）	18～35
			6V×30	（6＋9＋12）	20～35
			6V×34	（/1×7＋3/＋12＋12）	28～44
12	6V×37	6个三角形股，每股外层丝 15～18 根，三角形股芯外捻制 2 层钢丝	6V×37	（/1×7＋3/＋12＋15）	32～52
			6V×37S	（/1×7＋3/＋12＋15）	32～52
			6V×43	（/1×7＋3/＋12＋18）	38～54
13	4V×39	4个扇形段，每股外层丝 15～18 根，纤维股芯外捻制 3 层钢丝	4V×39S	（FC＋3＋15＋15）	16～36
			4V×48S	（FC＋12＋18＋18）	20～40
14	6Q×19＋6V×21	钢丝绳中有 12～14 个段，在 5 个三角形股外，捻制 6～8 个纤维股	6Q×19＋6V×21	外股（5＋14）内股（FC＋9＋12）	40～52
			6Q×33＋6V×21	外股（5＋13＋15）内股（FC＋9＋12）	40～60

（类别栏左侧纵向标注：组别 4～9 为"圆股钢丝绳"，组别 10～14 为"异形股钢丝绳"）

注　1. 13组及 11 组中异形股钢丝绳中 6V×21，4V×24 结构仅为纤维绳芯，其余结构的钢丝绳，可由需方指定纤维芯或钢芯。

　　2. 三角形股芯的结构可以相互代替，或改用其他结构的三角形股芯，但应在订货合同中注明。

　　3. 钢丝绳的主要用途推荐，参见 GB 8918—2006 附录 D（资料性附录）。

2. 钢丝绳的标记

钢丝绳的标记方法见图6-46。

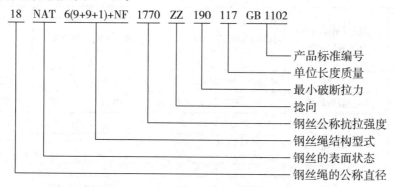

$$18 \quad NAT \quad 6(9+9+1)+NF \quad 1770 \quad ZZ \quad 190 \quad 117 \quad GB\ 1102$$

产品标准编号
单位长度质量
最小破断拉力
捻向
钢丝公称抗拉强度
钢丝绳结构型式
钢丝的表面状态
钢丝绳的公称直径

结构形式 　　　　　　标　　记

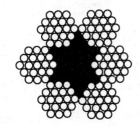

天然纤维芯瓦林吞钢丝绳
全称：6(6/6＋6＋1)＋NF
简称：6×19W＋NF

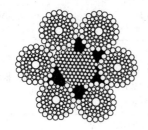

金属绳芯（IWR）瓦林吞-西鲁钢丝绳
全称：6(16＋8/8＋8＋1)＋IWR[6(6＋1)＋IWS(6＋1)]
简称：6×41WS＋IWR

图6-46　钢丝绳标记方法

3. 钢丝绳的用途

钢丝绳的用途见表6-19。

表6-19　　　　　　　　　　**钢 丝 绳 的 用 途**

用　途	名　称	结　构	备　注
立井提升	三角股钢丝绳	6V×37S　6V×37　6V×34　6V×30　6V×43 6V×21	
	线接触钢丝绳	6V×19S　6×19W　6×25Fi　6×29Fi　6×26WS 6×31WS　6×36WS　6×41WS	推荐同向捻
	多层股钢丝绳	18×7　17×7　35W×7　24W×7	用于钢丝绳罐道的立井
		6Q×19＋6V×21　6Q×35＋6V×21	

用　途	名　称	结　　　构	备　注
并凿立井提升 （建井用）	多层股钢丝绳及 异形股钢丝绳	6Q×33+6V×21　17×7　18×7　34×7　35×7 6Q×19+6V×21　4V×39S　4V×48S　35W×7 24W×7	
立井平衡绳	钢丝绳	6×37S　6×36WS　4V×39S　4V×48S	仅适用于交互捻
	多层股钢丝绳	17×7　18×7　34×7　36×7　35W×7　24W×7	仅适用于交互捻
斜井提升 （绞车）	三角股钢丝绳	6V×18　6V×19	
	钢丝绳	6×7　6×9W	推荐同向捻
高炉卷场	三角股钢丝绳	6V×37S　6V×37　6V×30　6V×34　6V×43	
	线接触钢丝绳	6×19S　6×25Fi　6×29Fi　6×26WS　6×31WS 6×36WS　6×41WS	
立井罐道 及索道	三角股钢丝绳	6V×18　6V×19	
	多层股钢丝绳	18×7　17×7	推荐同向捻
露天斜坡卷场	三角股钢丝绳	6V×37S　6V×37　6V×30　6V×34　6V×43	
	线接触钢丝绳	6×36WS　6×37S　6×41WS　6×495WS　6×55SWS	推荐同向捻
石油钻井	线接触钢丝绳	6×19S　6×19W　6×25Fi　6×29Fi　6×26WS 6×31WS　6×36WS	也可采用钢芯
钢绳索引胶带 运输机、索道 及地面缆车	线接触钢丝绳	6×19S　6×19W　6×25Fi　6×29Fi　6×26WS 6×31WS　6×36WS　6×41WS	推荐同向捻 6×19W 不适合索道
挖掘机 （电铲卷场）	线接触钢丝绳	6×19S+1WR　6×25Fi+1WR　6×19W+1WR 6×29Fi+1WR　6×26WS+1WR　6×31WS+1WR 6×36WS+1WR　6×55SWS+1WR 6×49SWS+1WR　35W×7　24W×7	推荐同向捻
	三角股钢丝绳	6V×30　6V×34　6V×37　6V×37S　6V×43	
起重机	大型浇铸 吊车	线接触钢丝绳	6×19S+IWR　6×19W+IWR　6×25Fi+IWR 6×36WS+IWR　6×41WS+IWR	
	港口装卸、 水利工程及 建筑用塔式 起重机	多层股钢丝绳	18×19S　18×19W　34×7　36×7　35W×7 24W×7	
		圆股扇形股 钢丝绳	4V×39S　4V×48S	
	繁忙起重 及其他重 要用途	线接触钢丝绳	6×19S　6×19W　6×26Fi　6×29Fi　6×26WS 6×31WS　6×36WS　6×37S　6×41WS　6×49SWS 6×55SWS　8×19S　8×19W　8×25Fi　8×26WS 8×31WS　8×36WS　8×41WS　8×49SWS 8×55SWS	
		四股扇形股钢丝绳	4V×39S　4V×48S	

用　途	名　称	结　构	备　注
热移钢机 （轧钢厂推钢台）	线接触钢丝绳	6×19S+IWR　6×19W+IWR　6×25Fi+IWR 6×29Fi+IWR　6×31WS+IWR　6×37S+IWR 6×36WS+IWR	
船舶装卸	线接触钢丝绳	6×19W　6×25Fi　6×29Fi　6×31WS 6×36WS　6×37S	镀锌
	多层股钢丝绳	18×19S　18×19W　34×7　36×7　35W×7 24W×7	
	四股扇形股钢丝绳	4V×39S　4V×48S	
拖船、货网	钢丝绳	6×31WS　6×36WS　6×37S	镀锌
船舶张拉桅杆吊桥	钢丝绳	6×7+IWS　6×19S+IWS	镀锌
打捞沉船	钢丝绳	6×37S　6×36WS　6×41WS　6×49SWS　6×31WS 6×55SWS　8×19S　8×19W　8×31WS 8×36WS　8×41WS　8×49SWS　8×55SWS	镀锌

注　1. 腐蚀是主要报废原因时，应采用镀锌钢丝绳。

　　2. 钢丝绳工作时，终端不能自由旋转，或虽有反拨力，但不能相互纠合在一起的工作场合，应采用同向捻钢丝绳。

钢丝绳结构图见图 6-47。

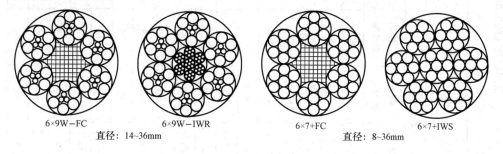

6×9W-FC　　　　　6×9W-IWR　　　　　　6×7+FC　　　　　　6×7+IWS
直径：14~36mm　　　　　　　　　　　　　　　　　　直径：8~36mm

图 6-47　钢丝绳结构图

4. 力学性能

常用钢丝绳的力学性能见表 6-20 和表 6-21。

5. 使用注意事项

（1）新钢丝绳不要立即在高速、重载下直接使用，而要在低速、中载条件下运行一段时间，使新绳适应使用状态后，再逐步提高钢丝绳运行速度和加大提升载荷，即新钢丝绳在进行高速、重负荷作业前必须经过初期磨合阶段。

（2）严禁钢丝绳跳槽。钢丝绳和滑轮配合使用时，必须注意防止钢丝绳从轮槽中跳出。如果钢丝绳脱落了轮槽后还在继续使用，钢丝绳将会产生挤压变形、扭结、断丝、断股，严重缩短钢丝绳的使用寿命，如果发生断绳现象，往往会带来灾难性的后果。

（3）严禁钢丝绳挤压变形。钢丝绳在使用时不能受到强烈挤压，以免钢丝绳变形，导致结构破坏而出现早期断丝（这时钢丝表层将出现马氏体这一脆性层组织）、断股甚至断绳，显著降低钢丝绳使用寿命并危及作业安全。

表 6-20

常用钢丝绳的力学性能（一）

钢丝绳结构：6×7+FC 6×7+IWS 6×9W+FC 6×9W+IWR

钢丝绳公称直径 D (mm)	允许偏差(%)	钢丝绳参考质量(kg/100m)			钢丝绳公称抗拉强度(MPa) — 钢丝绳最小破断拉力(kN)									
		天然纤维芯钢丝绳	合成纤维芯钢丝绳	钢芯钢丝绳	1570 纤维芯钢丝绳	1570 钢芯钢丝绳	1670 纤维芯钢丝绳	1670 钢芯钢丝绳	1770 纤维芯钢丝绳	1770 钢芯钢丝绳	1870 纤维芯钢丝绳	1870 钢芯钢丝绳	1960 纤维芯钢丝绳	1960 钢芯钢丝绳
8	+5 / 0	22.5	22.0	24.8	33.4	36.1	35.5	38.4	37.6	40.7	39.7	43.0	41.6	45.0
9		28.4	27.9	31.3	42.2	45.7	44.9	48.6	47.6	51.5	50.3	54.4	52.7	57.0
10		35.1	34.4	38.7	52.1	56.4	55.4	60.0	58.8	63.5	62.1	67.1	65.1	70.4
11		42.5	41.6	46.8	63.1	68.2	67.1	72.5	71.1	76.9	75.1	81.2	78.7	85.1
12		50.5	49.5	55.7	76.1	81.2	79.8	86.3	84.6	91.5	89.4	96.7	93.7	101
13		59.3	58.1	65.4	88.1	95.3	93.7	101	99.3	107	105	113	110	119
14		68.8	67.4	75.9	102	110	109	118	115	125	122	132	128	138
16		89.9	88.1	99.1	133	144	142	153	150	163	159	172	167	180
18		114	111	125	168	183	180	194	190	206	201	218	211	228
20		140	138	165	208	225	222	240	235	264	248	269	260	281
22		170	166	187	252	273	268	290	284	308	300	325	315	341
24		202	198	223	300	325	319	345	338	366	358	387	376	405
26		237	233	262	352	381	375	405	397	430	420	454	440	476
28		275	270	303	409	442	435	470	461	498	487	526	510	552
30		316	310	348	469	507	499	540	529	572	559	604	586	688
32		359	352	396	534	577	568	614	602	651	636	687	666	721
34		406	398	447	603	652	641	693	679	735	718	776	752	813
36		455	446	502	376	730	719	777	762	824	805	870	843	912

表6-21

常用钢丝绳的力学性能（二）

钢丝绳结构：6×26Fi+FC　6×26Fi+IWR　6×29Fi+FC　6×29Fi+IWR　6×31WS+FC　6×31WS+IWR　6×36WS+FC　6×36WS+IWR　6×37S+PC　6×37S+IWR　6×41WS+IWR　6×49SWS+FC　6×49SWS+IWR　6×55SWS+FC　6×55SWS+IWR

钢丝绳公称直径 D (mm)	允许偏差 (%)	钢丝绳参考质量 (kg/100m)			钢丝绳最小破断拉力 (kN)　钢丝绳公称抗拉强度 (MPa)									
		天然纤维芯钢丝绳	合成纤维芯钢丝绳	钢芯钢丝绳	1570		1670		1770		1870		1960	
					纤维芯钢丝绳	钢芯钢丝绳	纤维芯钢丝绳	钢芯钢丝绳	纤维芯钢丝绳	钢芯钢丝绳	纤维芯钢丝绳	钢芯钢丝绳	纤维芯钢丝绳	钢芯钢丝绳
12	+5 / 0	54.7	53.4	60.2	74.6	80.5	79.4	85.6	84.1	90.7	88.9	95.9	93.1	100
13		64.2	62.7	70.6	87.6	94.5	93.1	100	98.7	106	104	118	109	118
14		74.5	72.7	81.9	102	110	108	117	114	124	121	130	127	137
16		97.3	95.0	107	133	143	141	152	150	161	158	170	166	179
18		123	120	135	168	181	179	193	189	204	200	216	210	226
20		152	148	167	207	224	220	238	234	252	247	266	259	279
22		184	180	202	251	271	267	288	283	305	299	322	313	338
24		219	214	241	298	322	317	342	336	363	355	383	373	402
26		257	251	283	350	378	373	402	395	426	417	450	437	472
28		298	291	328	406	438	432	466	458	494	484	522	507	547
30		342	334	376	466	503	496	535	526	567	555	599	582	628
32		389	380	428	531	572	564	609	598	645	632	682	662	715
34		439	429	483	599	646	637	687	675	728	713	770	748	807
36		492	481	542	671	724	714	770	757	817	800	863	838	904
38		549	536	604	748	807	796	858	843	910	891	961	934	1010
40		608	594	669	829	894	882	951	935	1010	987	1070	1030	1120

钢丝绳公称直径 D (mm)	允许偏差 (%)	钢丝绳参考质量 (kg/100m)			钢丝绳公称抗拉强度 (MPa) 钢丝绳最小破断拉力 (kN)									
		天然纤维芯钢丝绳	合成纤维芯钢丝绳	钢芯钢丝绳	1570		1670		1770		1870		1960	
					纤维芯钢丝绳	钢芯钢丝绳	纤维芯钢丝绳	钢芯钢丝绳	纤维芯钢丝绳	钢芯钢丝绳	纤维芯钢丝绳	钢芯钢丝绳	纤维芯钢丝绳	钢芯钢丝绳
42	+5 / 0	670	654	737	914	986	972	1030	1030	1110	1090	1170	1100	1230
44		735	718	809	1000	1080	1070	1150	1130	1220	1190	1290	1250	1350
46		804	785	884	1100	1180	1170	1260	1240	1330	1310	1410	1370	1480
48		876	855	963	1190	1290	1270	1370	1350	1450	1420	1530	1490	1610
50		950	928	1040	1300	1400	1380	1490	1460	1580	1540	1660	1620	1740
52		1030	1000	1130	1400	1510	1490	1610	1580	1700	1670	1800	1750	1890
54		1110	1080	1220	1510	1630	1610	1730	1700	1840	1800	1940	1890	2030
56		1190	1160	1310	1620	1750	1730	1860	1830	1980	1940	2000	2030	2190
58		1280	1250	1410	1740	1880	1850	2000	1960	2120	2080	2240	2180	2350
60		1370	1340	1500	1870	2010	1980	2140	2100	2270	2220	2400	2330	2510
62		1460	1430	1610	1990	2150	2120	2290	2250	2420	2370	2560	2490	2680
64		1560	1520	1710	2120	2290	2260	2440	2390	2580	2530	2730	2650	2860

（4）严禁钢丝绳高速运行时和其他物体摩擦。钢丝绳在高速运行时，应避免其与非匹配轮槽外的其他物体发生摩擦。因为在高速情况下，钢丝绳与这些物体相互运行时所产生的瞬间摩擦热，可导致钢丝表层出现马氏体组织，而这种组织上的变化虽然无法通过肉眼辨别，然而却是引起钢丝早期断裂的主要原因。

（5）严禁钢丝绳散乱缠绕。钢丝绳在卷筒上缠绕时，应尽可能排列整齐。如果散乱缠绕，则钢丝绳在工作时由于相互挤压也会出现导致钢丝绳结构破坏，产生早期断丝，直接影响钢丝绳使用寿命。

（6）严禁钢丝绳过载使用。钢丝绳如果过载使用，则将急速加剧其被挤压变形的程度，内部钢丝之间及外部钢丝与匹配轮槽之间的磨损程度，对作业安全性带来严重危害，同时缩短滑轮使用寿命。

（7）严禁钢丝绳受到剧烈的冲击和震动。钢丝绳使用过程中，如果运行速度频繁发生急剧变化，将造成冲击载荷。每次冲击虽然只是瞬间加载，但隐含着极大的危害性。冲击载荷超过钢丝绳允许使用的工作应力时就会产生断绳现象。即使冲击载荷不一定导致钢丝绳断裂，但多次冲击，将会严重缩短钢丝绳的使用寿命。对于已经使用了一段时间的钢丝绳，与新绳相比，由于伸缩性较小，耐冲击性会更低。

运转速度越低，钢丝绳的损伤越小。随着运转速度的加快，钢丝绳的损伤相应增加。为此，应避免在运行中速度急剧变化，避免突然地、剧烈地加载以及猛烈地刹车，这样可以减少钢丝绳的损伤。在中等运转速度最大负荷下工作与在高速运转中等负荷下工作相比，钢丝绳的寿命要长得多。

（8）涂抹防护油防腐，钢丝绳在使用中应做到不沾水，不在积水和潮湿的沙土中穿过，应尽可能的在干燥的环境下使用钢丝绳，在容易生锈的条件下推荐使用镀锌钢丝绳。

（二）白棕绳

白棕绳是由剑麻茎纤维，线搓成股，再将股拧成绳。一般用作起吊轻型构件和作为受力不大的缆风绳、溜绳等。

GB/T 15029—2009《剑麻白棕绳》对包棕绳作了规定。

1. 结构

（1）绳索一般绳纱 Z 捻向，绳股 S 捻向，绳索 Z 捻向。

（2）绳索最大捻距。三股绳为公称直径的 3.5 倍，四股绳为公称直径的 4.5 倍。

2. 分类

白棕绳分为两类，A 类为三股绳，B 类为单绳芯四股，形状见图 6-48 和图 6-49。

图 6-48　三股绳（A 类）的形状　　图 6-49　单绳芯线四股绳（B 类）的形状

3. 技术性能

白棕绳的技术性能见表 6-22。

表 6 - 22   白 棕 绳 的 技 术 性 能

公称直径	线密度		最低断裂强力（daN）		
（mm）	公称值（ktex）	公差（%）	优等品	一等品	合格品
6	29	±10	255	240	230
8	54		473	450	425
10	68	±8	622	590	560
12	105		926	890	840
14	140		1 260	1 200	1 130
16	190		1 770	1 680	1 590
18	220		2 100	1 990	1 890
20	275		2 790	2 650	2 510
22	330		3 340	3 170	3 010
24	400		3 990	3 790	3 590
26	470		4 640	4 410	4 180
28	530	±5	5 220	4 960	4 700
30	625		5 980	5 680	5 380
32	700		6 730	6 390	6 060
36	890		8 530	8 110	7 680
40	1 100		10 300	9 790	9 590
44	1 340		12 500	11 880	11 250
48	1 580		14 500	13 780	13 050
52	1 870		17 000	16 150	15 300
54	2 150	±5	19 500	18 530	17 550
60	2 480		22 200	21 090	19 980

4. 使用注意事项

（1）白棕绳必须由剑麻基纤维搓成线，线再搓成股，最后由股拧成绳，并不得涂油。

（2）只允许用作起吊轻型构件和作为受力不大的缆风绳、溜绳等。

（3）穿绕滑车时，滑轮的直径应大于白棕绳直径的 10 倍，麻绳有结时，应严禁穿过滑车狭小之处；避免损伤麻绳发生事故，长期在滑车上使用的白棕绳，应定期改变穿绳方向，使绳磨损均匀。

（4）使用时应将绳抖直，使用中发生扭结也应立即抖直，如有局部受伤的白棕绳，应切去损伤部分。

（5）当绳不够长时，不宜打结接长，应尽量采用编接接长。

（6）使用中应严禁在粗糙的构件上或地上拖拉，并严防砂、石屑嵌入绳的内部磨伤白棕绳。

（7）捆绑有棱角的物体时，必须垫以木板或麻袋等物。

（8）编接绳头、绳套时，编接前每股头上应用细绳扎紧，编接后相互搭接长度：绳套不能小于白棕绳直径的 15 倍，绳头接长不小于 30 倍。

（三）锦纶绳

锦纶绳由长丝锦纶捻制而成。采用白色聚己内酰胺（锦纶 6）或其他锦纶长丝纤维，用210 捻 3×3 股线或其他锦纶长丝纤维线为原料，合股绞制而成。

锦纶绳较白棕绳绕软，抗拉强度大、绝缘性能强。拉力作用与白棕绳相同，但绝缘性能远强于白棕绳。在邻近、交叉带电线路（设备）作业时被广泛使用，同时可用于带电作业、带电作业工器具等使用。

锦纶绳物理特性见表 6-23。

表 6-23 锦纶绳物理特性

型 号	直径（mm）		结构（股）	捻距（mm）	线密度（g/m）	伸长率（不大于，%）	断裂强度（不小于，kN）	测量张力（N）
	标称直径	允许偏差						
jCjS-2	2	±0.2	3	7±0.3	2.6±0.2	40	1.4	10
jCjS-4	4	±0.2	3	13±0.3	13±0.2	40	3.1	20
jCjS-6	6	±0.3	3×3	18±0.3	20±0.2	40	5.4	40
jCjS-8	8	±0.3	3×3	24±0.3	44±0.5	40	8.0	80
jCjS-10	10	±0.3	4×4+1	32±0.3	63±1.0	48	11.0	130
jCjS-12	12	±0.4	4×4+1	37±0.5	93±1.0	48	15.0	180
jCjS-14	14	±0.4	4×4+1	42±0.5	117±1.5	48	20.2	250
jCjS-16	16	±0.4	4×4+1	48±0.5	157±1.5	48	26.0	300
jCjS-18	18	±0.5	4×4+1	56±0.5	193±2.0	58	32.0	400
jCjS-20	20	±0.5	4×4+1	62±0.5	222±3.0	58	38.0	500
jCjS-22	22	±0.5	4×4+1	66±0.5	268±3.0	58	44.0	600
jCjS-24	24	±0.5	4×4+1	72±0.5	318±4.0	58	50.0	700

注 型号符号的含义如下：第一个 j—锦纶；C—长丝；第二个 j—绝缘；S—绳索。

使用注意事项：

（1）机械作业时的注意事项与白棕绳相同。

（2）用作带电作业按带电作业工器具管理。

十二、高空作业车

高空作业车是通过高空作业平台运送人员和材料到指定位置进行工作作业的设备，包括带有控制器的工作平台、伸展结构和底盘。高空作业平台车辆的底盘为定型道路车辆底盘，并有车辆驾驶员操纵其移动的设备。

GB 9465—2008《高空作业车》对高空作业车进行了规定。

1. 高空作业车型式

高空作业车按伸展结构的类型可分为下列四种，见表 6-24，示意图见图 6-50。

表 6-24 高空作业车型式

型式	伸缩臂式	折叠臂式	混合式	垂直升降式
代号	S	Z	H	C

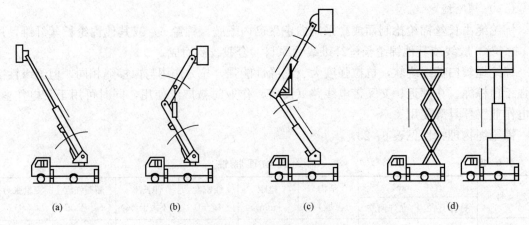

图 6-50　高空作业车型式

（a）伸缩臂式；（b）折叠臂式；（c）混合式；（d）垂直升降式

2. 高空作业车的规格型号

高空作业车规格型号由组、型代号、形式代号、主参数代号和更新变型代号组成，说明如下：

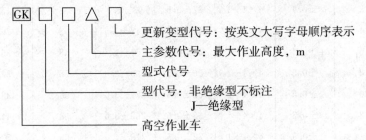

标记示例：

（1）最大作业高度为10m的绝缘型伸缩臂式高空作业车表示为：高空作业车 GKJS 10 GB/T 9465。

（2）最大作业高度为12m的非绝缘型垂直升降式高空作业车的第一次变型产品表示为：高空作业车　GKC 12A　GB/T 9465。

CKZ14 GB/T 9465 型高空作业车见图 6-51。

3. 基本参数

高空作业车的基本参数见表 6-25。

表 6-25　　　　　　　　　　　　高空作业车基本参数

项　目	参　　数
最大作业高度（m）	6、8、10、12、14、16、18、20、25、32、35、40、45、50、55、60、65、70、80、90、100
额定载荷（kg）	125、136、160、200、250、320、400、500、630、800、1000、2000、3000、4000、5000

4. 高空作业车的使用安全

正确使用高空作业车对作业安全亦非常重要，一是可以提前预见发现安全隐患，避免有安全隐患产品被继续使用，进而避免出现安全事故；二是及时发现维修事项，避免车辆带病作业，防患于未然；三是提高车辆使用年限，发挥更高使用效益。通常应从下面几个方面管控。

（1）培训、定岗、持证许可操作。高空作业车是一种专用设备，专用性强，其固有的操作要求必须遵守。另外，由于高空作业车是集光机电液于一体的高技术产品，特别是因出于安全的设计考虑，在使用中经常出现警示、限动等现象，有时是故障，但更多的情况是保护而不是故障，无论是不是故障，都需要操作人员有一个准确的判断、处理并决策进一步的操作，因此对操作人员的技术素质要求较高（通常不一定要有高/专的技术水平，但要求有较高的职业素养和比较全面的与工程机械和汽车有关的知识）。因此，对高空作业车的使用者必须进行培训（首次使用培训应由厂家提供，定期重复培训由用户自行开展，可每年不少于一次），培训合格后定员定岗、发放操作许可证书，做到持证上岗。

最大作业高度14m

图6-51　CKZ14 GB/T9465型高空作业车

（2）检查、维护、保养和例行验证试验。与任何工业装备一样，高空作业车在使用过程中需要进行必要的日常检查、维护和保养，进行必要的例行功能验证试验，方可正常使用。用户应制订相应的管理制度，对这些工作进行规范管理，形成常态程序性工作。

1）日常检查、维护、保养和例行验证试验工作形成制度；

2）制订安全操作规程；

3）将检查、维护和保养落实到操作人员的岗位职责；

4）定期/不定期组织监督检查车辆的维护和保养落实情况、安全操作规程遵守情况；

5）定期组织功能性验证试验（如超载试验），确认设备的功能能力，及时消除因功能退化（如零部件疲劳、磨损、失效、参数漂移等）而产生的安全隐患。

（3）推荐日常检查的主要内容：

1）润滑状态；

2）声音有无异常；

3）关键紧固件是否松动；

4）油漆脱落处是否有裂纹或塑性变形；

5）液压油箱油位；

6）运动件有无硬摩擦或挤压；

7）角度、长度、极限位置等开关/传感器等，是否正常采集、传输信号并发挥控制功能；

8）轴类件有无轴向窜动。

十三、人字抱杆或叉杆

（一）人字抱杆

人字抱杆是用于电杆起吊主要承力工具。由两个杆件铰接而成。可用于各种规格型号的电杆组立。

1. 分类

按材料分主要有：圆木、钢管、铝合金等。

按长度分主要有：6、7、8、9、11m 等。

按荷载分主要有：15、20、25、30、35、40kN 等规格。

图 6-52 为人字抱杆组立电杆。

图 6-52　人字抱杆组立电杆

2. 使用注意事项

（1）检查抱杆连接杆牢固、锁紧销到位。抱杆底板连接可靠，活动部件无卡涩。抱杆荷载满足起吊电杆的要求。

（2）检查拉线连接可靠、承力均匀。

（3）起吊电杆时牵引绳和电杆起吊绳要满足荷载要求。

（4）起吊电杆时必须分工明确，各行其责，同意协调。

（二）叉杆

叉杆是人力组立电杆时使用的人字形抱杆，由两个杆件铰接而成。一般用于 10m 及以下钢筋混凝土电杆的组立。

叉杆一般由两根杉木杆组成。其特点是携带方便、便于制作、组立电杆占地面积小。在山区或交通不便的区域组立 10m 及以下的电杆被广泛使用。

使用注意事项：

（1）检查叉杆无腐烂、脆断、裂纹等现象。

（2）检查叉杆连接可靠。

（3）立杆前必须明确分工，分布在叉杆上的人员均匀，并同时受力。倒换叉杆位置时必须将承力叉杆与电杆保持垂直位置，检查受力均匀，地面无滑动现象。

▷ 第四节　仪　器　仪　表

一、经纬仪

经纬仪是测量水平角、垂直角以及为视距尺配合测量距离的仪器。

GB/T 3161—2003《光学经纬仪》对经纬仪作了规定。

经纬仪的结构如图 6-53 所示。经纬仪主要由以下部件组成：望远镜制动螺旋（1），望远镜（2），望远镜微动螺旋（3），水平制动（4），水平微动螺旋（5），脚螺旋（6），反光镜（7），望远镜制动扳钮（8），光学瞄准器（9），物镜调焦（10），目镜调焦（11），度盘读数显微镜调焦（12），竖盘指标管水准器微动螺旋（13），光学对中器（14），基座圆水准器（15），仪器基座（16），竖直度盘（17），垂直度盘照明镜（18），照准部管水准器（19），水平度盘位置变换手轮（20），底座（21）等。

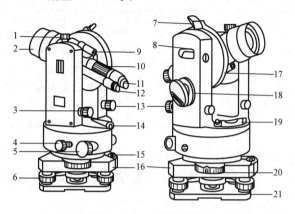

图 6-53 经纬仪结构

望远镜与竖盘固连，安装在仪器的支架上，这一部分称为仪器的照准部，属于仪器的上部。望远镜连同竖盘可绕横轴在垂直面内转动，望远镜的视准轴应与横轴正交，横轴应通过水盘的刻画中心。照准部的数轴（照准部旋转轴）插入仪器基座的轴套内，照准部可以作水平转动。

光学经纬仪的分类见表 6-26。

表 6-26 光 学 经 纬 仪 的 分 类

参 数 名 称		单位	等 级				
			DJ$_{c7}$	DJ$_1$	DJ$_2$	DJ$_6$	DJ$_{30}$
水平方向	室外	(°)	0.7	1.0	2.0	6.0	30.0
标准偏差	室内		0.6	0.8	1.6	4.0	20.0
望远镜	放大率		30×，45×，55×	24×，30×，45×	28×	25×	18×
	物镜有效孔径	mm	65	60	40	35	25
	最短视距	m	3.0	3.0	2.0	2.0	1.0
水准泡角值	照准部	(″)/2mm	4	6	20	30	60
	竖直度盘指标		10	10	20	30	—
	圆形	(′)/2mm	8	8	8	8	8

参　数　名　称		单位	等　　级				
			DJ$_{c7}$	DJ$_1$	DJ$_2$	DJ$_6$	DJ$_{30}$
竖直度盘指标自动归零补偿器	补偿范围	(′)	—	—	±2	±2	—
水平读数最小格值		(′)	0.2	0.2	1	60	120
仪器净重		kg	17	13	6	5	3
主要用途			国家一等三角测量	国家二等三角测量和精密工程测量	国家三四等三角测量和工程测量	地形测图的控制测量和一般工程测量	一般工程测量和矿山测量

经纬仪根据度盘刻度和读数方式的不同，分为游标经纬仪、光学经纬仪和电子经纬仪（见图6-54和图6-55）。目前我国主要使用光学经纬仪和电子经纬仪，游标经纬仪早已淘汰。

图6-54　光学经纬仪　　　　　图6-55　电子经纬仪

光学经纬的水平度盘和竖直度盘用玻璃制成，在度盘平面的边缘刻有等间隔的分划线，两相邻分划线间距所对的圆心角称为度盘的格值，又称度盘的最小分格值。一般以格值的大小确定精度，分为：DJ6度盘格值为1°，DJ2度盘格值为20′，DJ1（T3）度盘格值为4′。

按精度从高到低分为：DJ07，DJ1，DJ2，DJ6，DJ30等（D，J分别为大地和经纬仪的首字母）。

整套仪器由仪器、脚架部两部分组成。测量时，将经纬仪安置在三脚架上，用垂球或光学对点器将仪器中心对准地面测站点上，用水准器将仪器定平，用望远镜瞄准测量目标，用水平度盘和竖直度盘测定水平角和竖直角。

二、红外测温仪器

红外测温仪器是通过非接触探测红外热量，并将其转换生成热图像和温度值，进而显示在显示器上，并可以对温度值进行计算的一种检测设备。红外热像仪能够将探测到的热量精确量化，能够对发热的故障区域进行准确识别和严格分析。

DL/T 664—2008《带电设备红外诊断应用规范》对红外成像诊断设备进行了规定。

红外测温仪器主要有三种类型：红外热像仪、红外热电视、红外测温仪（点温仪）。在配电线路红外诊断技术应用中，主要采用便携式红外热像仪。

红外热像仪的通用技术指标见表6-27。

表6-27　　　　　　　　　　红外热像仪的通用技术指标

温度	工作	-10℃$\sim$$50$℃（$14$℉$\sim$$122$℉）
	储存	-20℃$\sim$$+50$℃（$-4$℉$\sim$$122$℉），不含电池
相对湿度	10%～90%，无结露	
显示屏	9.1cm（3.6in）（对角线），彩色VGA（640×480）液晶显示屏（可选亮度或自动调节）	
控制和调整	用户可选温度单位（℃/℉）	
	语言选项	
	时间/日期设置	
软件	提供SmartView™分析和报告软件	
电源	电池	内置可充电电池组（已装）
	电池寿命	3～4h连续使用（LCD显示屏的亮度为50%时）
	使用交流适配器/充电器及汽车直流电源适配器时的充电时间	完全充满需要2h
交流电源供电/充电	交流适配器/充电器（交流110～220V，50～60Hz），热像仪工作时可充电。提供通用交流电源适配器	
节电	在5min无活动时激活休眠模式，在20min无活动时自动关闭	
安全标准	CE指令	IEC/EN61010-1第2版，污染等级2
电磁兼容	EMC指令	EN61326-1
	C-Tick认证	IEC/EN61326
	USFCC认证	CFR47，Part15ClassA
振动	2G，IEC68-2-29	
冲击	25G，IEC68-2-29［2m（6.5ft）跌落，5面］	
尺寸（高×宽×长）	0.27m×0.13m×0.15m（10.5in×5in×6in）	
质量	1.2kg（2.65lb）	
IP防护等级	IP54	
质保	2年	
校准周期	2年（正常工作和正常老化）	
支持的语言	英文、简体中文	

电力设备的故障有多种多样，但大多数都伴有发热的现象。按发热位置分类，通常分为外部故障和内部故障；从致热原因分类，一般分为电压致热和电流致热两种。

外部故障的特点：局部温升高，易用红外热像仪发现，如不能及时处理，情况恶化快，易形成事故，造成损失。外部故障占故障比例较大。

内部故障的特点：主要是指封闭在固体绝缘以及设备壳体内部的电气回路故障和绝缘介质劣化引起的各种故障。由于这类故障出现在电气设备的内部，因此反映的设备外表的温升很小，通常只有几开尔文。检测这种故障对检测设备的灵敏度要求较高。此类故障比例小、温升小、危害大，对红外检测设备要求高。

电压致热为由于绝缘材料老化、电蚀等原因造成绝缘介质劣化而引起的发热，此类性质发热主要与电压有关，而不随电流大小而变化。

电流致热为导体连接处接触不良，导体损坏截面变小，导体超过载流量等引起的发热。此类性质发热主要与通过发热点的电流大小有关，而与电压无关。

三、接地电阻测试仪

接地电阻测试仪是用于测量电气设备接地装置接地电阻、土壤电阻率和包括回路电阻的接地电阻的仪器。

DL/T 845.2—2004《电阻测量装置通用技术条件　第 2 部分：工频接地电阻测试仪》、JB/T 9289—1999《接地电阻表》对接地电阻测试仪进行了规定。

1. 接地电阻测试仪的分类

（1）按适用对象分为 A 类和 B 类。A 类适用于一般接地装置接地电阻的测量（即常规测量），B 类适用于大型接地装置接地阻抗的测量（即特殊测量）。

（2）按测试电流大小分为 0.1，0.2，0.5，1，2，5，10，20，50，100，200，500mA；1，2，5，10，20A。

（3）按准确度等级分为 0.2，0.5，1.0，2.0，5.0，10.0。

（4）按 GB/T 6587.1 规定的标称使用范围（工作范围）及流通条件分类，可分为Ⅱ组、Ⅲ组与 1 级、2 级、3 级。

（5）按被测量的显示（指示）方式分为模拟式和数字式。

2. 常用接地电阻测试仪

根据仪器的性能、使用方法，在配电线路上常用的有以下几种：

（1）接地绝缘电阻表。一般国内使用的主要是 ZC-8 型、ZC-80 型接地绝缘电阻表。ZC-8 型接地绝缘电阻表主要用于接地电阻的测量。ZC-80 型接地绝缘电阻表主要用于接地电阻和土壤电阻率的测量。该型号绝缘电阻表由于体积小，维护量小，不需电源而一直在电气设备接地电阻测量中被广泛使用。手摇式接地电阻表见图 6-56。

在使用中要注意接地极布置和埋入土内的深度满足使用说明的要求。在摇动把手时，人体不得接触接线柱，以防止对人电击。

（2）数字接地电阻测试仪（见图 6-57）。数字式接地电阻测试仪的功能与接地绝缘电阻表的功能基本相通，可采用交直流电源供电，发生电压稳定，测量时间短，有记录测量数据功能。主要克服了由于绝缘电阻表摇动速度不同产生电压不同而造成的测量误差的缺点。但野外作业受低温对电池的影响大。

注意事项同接地绝缘电阻表。

（3）钳型接地电阻测试仪（见图 6-58）。它是钳形电磁铁中产生一个高频磁场，在被测的接地引线上产生电流，根据感应回的磁场确定电阻的大小。

钳形测试仪主要用于形成回路的包括接地电阻在内的回路电阻的测试。可以用于高压变配电室的接地网导通测试，输电线路杆塔架空地线至接地网的电阻测试等。

图 6-56　手摇式接地电阻表　　　图 6-57　数字式接地电阻表　　　图 6-58　钳形接地电阻表

在使用时，必须保证被测试的接地引下线与大地通过其他导体形成回路，但不能存在多个并联回路。

部分钳形测试仪还可用作泄漏电流测试。

四、绝缘电阻测试仪

绝缘电阻测试仪又称兆欧表，是用来测量被测设备的绝缘电阻和高值电阻的仪表，它由一个手摇发电机、表头和三个接线柱（即 L：线路端、E：接地端、G：屏蔽端）组成。

DL/T 845.1—2004《电阻测量装置通用技术条件 第 1 部分：电子式绝缘电阻表》对绝缘电阻测试仪进行了规定。

绝缘电阻测试仪一般分为手摇式绝缘电阻表和数字式绝缘电阻表，见图 6-59 和图 6-60。

图 6-59　手摇式绝缘电阻表　　　　图 6-60　数字式绝缘电阻表

1. 绝缘电阻测试仪的规格及选用原则

（1）绝缘电阻测试仪的规格主要有 500、1000、2000、2500、5000V 等。

（2）额定电压等级的选择。一般情况下，额定电压在 500V 以下的设备，应选用 500V 或 1000V 等级；额定电压在 500V 以上的设备，选用 1000～2500V 等级；测量绝缘子等材料的绝缘子电阻时，选用 5000V 等级。

2. 绝缘电阻测试仪的使用

（1）校表。测量前应将绝缘电阻测试仪进行一次开路和短路试验，检查测试仪是否良好。将两连接线开路，摇动手柄，指针应指在"∞"处，再把两连接线短接一下，指针应指在"0"处，符合上述条件者即良好，否则不能使用。

（2）被测设备与线路断开，对于大电容设备还要进行放电。

（3）选用电压等级符合的绝缘电阻测试仪。

（4）测量绝缘电阻时，一般只用"L"和"E"端，但在测量电缆对地的绝缘电阻或被测设备的漏电流较严重时，就要使用"G"端，并将"G"端接屏蔽层或外壳。线路接好后，可按顺时针方向转动摇把，摇动的速度应由慢而快，当转速达到每分钟120转左右时（ZC-25型），保持匀速转动，1min后读数，并且要边摇边读数，不能停下来读数。

（5）拆线放电。读数完毕，一边慢摇，一边拆线，然后将被测设备放电。放电方法是将测量时使用的地线从绝缘电阻测试仪上取下来与被测设备短接一下即可（不是绝缘电阻测试仪放电）。

3. 注意事项

（1）禁止在雷电时或高压设备附近测绝缘电阻，只能在设备不带电，也没有感应电的情况下测量。

（2）摇测过程中，被测设备上不能有人工作。

（3）绝缘电阻测试仪线不能绞在一起，要分开。

（4）绝缘电阻测试仪未停止转动之前或被测设备未放电之前，严禁用手触及。拆线时，也不要触及引线的金属部分。

（5）测量结束时，对于大电容设备要放电。

（6）要定期校验其准确度。

五、万用表

万用表又叫多用表、三用表、复用表，万用表分为指针式万用表（见图6-61）和数字万用表（见图6-62）等，是一种多功能、多量程的测量仪表，一般万用表可测量直流电流、直流电压、交流电流、交流电压、电阻和音频电平等，有的还可以测交流电流、电容量、电感量及半导体的一些参数（如 β）等。

JB/T 8381—1996《袖珍型万用表》对万用表作了规定。

图6-61 指针式万用表

图6-62 数字式万用表

1. 万用表的使用

（1）熟悉表盘上各符号的意义及各个旋钮和选择开关的主要作用。

（2）进行机械调零。

（3）根据被测量的种类及大小，选择转换开关的挡位及量程，找出对应的刻度线。

（4）选择表笔插孔的位置。

（5）测量电压：测量电压（或电流）时要选择好量程，如果用小量程去测量大电压，则会有烧表的危险；如果用大量程去测量小电压，那么指针偏转太小，无法读数。量程的选择应尽量使指针偏转到满刻度的 2/3 左右。如果事先不清楚被测电压的大小时，应先选择最高量程挡，然后逐渐减小到合适的量程。

1）交流电压的测量：将万用表的一个转换开关置于交、直流电压挡，另一个转换开关置于交流电压的合适量程上，万用表两表笔和被测电路或负载并联即可。

2）直流电压的测量：将万用表的一个转换开关置于交、直流电压挡，另一个转换开关置于直流电压的合适量程上，且"＋"表笔（红表笔）接到高电位处，"－"表笔（黑表笔）接到低电位处，即让电流从"＋"表笔流入，从"－"表笔流出。若表笔接反，表头指针会反方向偏转，容易撞弯指针。

（6）测电流：测量直流电流时，将万用表的一个转换开关置于直流电流挡，另一个转换开关置于 $50\mu A\sim500mA$ 的合适量程上，电流的量程选择和读数方法与电压一样。测量时必须先断开电路，然后按照电流从"＋"到"－"的方向，将万用表串联到被测电路中，即电流从红表笔流入，从黑表笔流出。如果误将万用表与负载并联，则因表头的内阻很小，会造成短路烧毁仪表。其读数方法如下：实际值＝指示值×量程/满偏。

（7）测电阻：用万用表测量电阻时，应按下列方法操作：

1）机械调零。在使用之前，应该先调节指针定位螺丝使电流示数为零，避免不必要的误差。

2）选择合适的倍率挡。万用表欧姆挡的刻度线是不均匀的，所以倍率挡的选择应使指针停留在刻度线较稀的部分为宜，且指针越接近刻度尺的中间，读数越准确。一般情况下，应使指针指在刻度尺的 1/3～2/3 间。

3）欧姆调零。测量电阻之前，应将 2 个表笔短接，同时调节"欧姆（电气）调零旋钮"，使指针刚好指在欧姆刻度线右边的零位。如果指针不能调到零位，说明电池电压不足或仪表内部有问题。并且每换一次倍率挡，都要再次进行欧姆调零，以保证测量准确。

4）读数：表头的读数乘以倍率，就是所测电阻的电阻值。

2. 注意事项

（1）在测电流、电压时，不能带电换量程。

（2）选择量程时，要先选大的，后选小的，尽量使被测值接近量程。

（3）测电阻时，不能带电测量。因为测量电阻时，万用表由内部电池供电，如果带电测量则相当于接入一个额外的电源，可能损坏表头。

（4）用毕，应使转换开关在交流电压最大挡位或空挡上。

（5）注意在欧姆表改换量程时，需要进行欧姆调零，无需机械调零。

六、钳型电流表

钳形电流表是一种用于测量正在运行的电气线路的电流大小的仪表，可在不断电的情况下测量电流。现在使用的钳形表一般均为数字式（见图 6-63），还有与万用表组合的钳形表（见图 6-64）。钳形表的规格主要根据被测物的形状、直径尺寸确定，有圆形、鸭嘴形、矩形、U 形等形状。

JB/T 9285—1999《钳形电流表》对钳形电流表进行了规定。

1. 结构及原理

钳型电流表实质上是由一只电流互感器、钳形扳手和一只整流式磁电系有反作用力仪表所组成。

图 6-63　数字式钳形电流表　　图 6-64　带有万用表的钳形电流表

2. 使用方法

（1）测量前要机械调零。

（2）选择合适的量程，先选大量程，后选小量程或看铭牌值估算。

（3）当使用最小量程测量，其读数还不明显时，可将被测导线绕几匝，匝数要以钳口中央的匝数为准，则读数＝指示值×量程/满偏×匝数。

（4）测量时，应使被测导线处在钳口的中央，并使钳口闭合紧密，以减少误差。

（5）测量完毕，要将转换开关放在最大量程处。

3. 注意事项

（1）被测线路的电压要低于钳表的额定电压。

（2）测高压线路的电流时，要戴绝缘手套，穿绝缘鞋，站在绝缘垫上。

（3）钳口要闭合紧密不能带电换量程。

七、直流电桥

电桥是用比较法测量各种量（如电阻、电容、电感等）的仪器。

GB 3930—1983《测量电阻用直流电桥》对直流电桥作了规定。

在配电设备上使用的常用电桥有直流单臂电桥（两端式电阻器，见图 6-65）和双臂电桥（四端式电阻器，见图 6-66）。

图 6-65　单臂电桥　　　　图 6-66　双臂电桥

电桥准确度等级分类见表 6-28。

表 6-28　　　　　　　　　　　电 桥 准 确 度 等 级

a	0.001	0.002	0.005	0.01	0.02	0.05	0.1
b	10×10^{-6}	20×10^{-6}	50×10^{-6}	100×10^{-6}	200×10^{-6}	500×10^{-6}	1000×10^{-6}
c	1×10^{-5}	2×10^{-5}	5×10^{-5}	1×10^{-4}	2×10^{-4}	5×10^{-4}	1×10^{-3}

a	0.2	0.5	1	2	5	10	
b	2000×10^{-6}	5000×10^{-6}	$10\,000\times10^{-6}$	$20\,000\times10^{-6}$	$50\,000\times10^{-6}$	$100\,000\times10^{-6}$	
c	2×10^{-3}	5×10^{-3}	1×10^{-2}	2×10^{-2}	5×10^{-2}	10×10^{-2}	

注 1. 电桥的等级指数可用 a，以百分数表示；和/或用 b，以 $\times10^{-6}$（ppm）来表示；或用 c，科学标记法表示。

2. 假若一个电桥有几个测量量程，每个量程可以有各自的等级指数。

3. 除测量很高阻值的电桥外，一般不使用准确度等级指数 $2\sim10$（$20\,000\times10^{-6}\sim100\,000\times10^{-6}$，$2\times10^{-2}\sim10\times10^{-2}$）。

单臂电桥主要用于测量中等阻值（$10\sim10^{6}\,\Omega$）的电阻，如配电变压器高压线圈电阻。单臂电桥是最基本的直流单臂电桥，示意图见图 6-67。

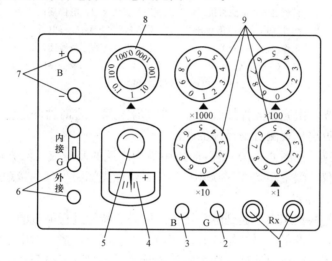

图 6-67 单臂电桥示意图

1—待测电阻 Rx 接线柱；2—检流计按钮开关 G［按下时检流计接通电路，松开（弹起）时检流计断开电路］；3—电源按钮开关 B［按下时电桥接通电路，松开（弹起）时断开电路］；4—检流计；5—检流计调零旋钮；6—外接检流计接线柱；7—外接电源接线柱；8—比例臂；9—比较臂（提供比例）

双臂电桥主要用于测量（$10^{-6}\sim10^{2}\,\Omega$）的低电阻，如导线、设备连接处的直流电阻，示意图见图 6-68。

八、测高仪及测距仪

测高仪是用于测量空间点位相对地面高度的仪器。

测距仪是根据光学、声学和电磁波学原理设计的，用于距离测量的仪器。

现在市场供应的仪器均有单独测高或测距的仪器，也有具备测高与测距的功能一体机。

配电线路使用测高仪和测距仪主要是用于测量电线交叉跨越距离、对地距离、电杆之间的距离等。

测高测距仪器种类主要有经纬仪、超声波测高测距仪、红外线测高测距仪、激光测高测距仪等。

1. 激光测高测距仪

激光测距仪是利用激光对目标的距离进行准确测定的仪器。激光测距仪在工作时向目标

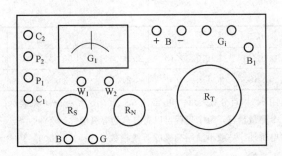

图 6-68 双臂电桥示意图

B₁—晶体管检流计工作电源开关；W₁—晶体管检流计调
零旋钮；W₂—晶体管检流计灵敏度调节旋钮；C₁、C₂—
被测电阻，电流端接线柱；P₁、P₂—被测电阻，电位端接
线柱；R_S—倍率读数开关；R_N—步进读数开关；B—电桥
工作电源按钮开关；G—检流计按钮开关；R_T—滑线读数
盘；G₁—检流计；B₊₋—电桥外接工作电源接线柱；
G_i—电桥外接检流计接线柱

射出一束很细的激光，由光电元件接收目标反射的激光束，计时器测定激光束从发射到测距仪接收的时间，计算出从观测者到目标的距离。

激光测高测距仪（见图 6-69）是目前使用最为广泛的测距仪，激光测距仪又可以分类为手持式激光测距仪（测量距离 0～300m）和望远镜激光测距仪（测量距离 500～3000m）。

2. 超声波测高测距仪

超声波测距仪是根据超声波遇到障碍物反射回来的特性进行测量的。超声波发射器向某一方向发射超声波，在发射同时开始计时，超声波在空气中传播，途中碰到障碍物就立即返回来，超声波接收器收到反射波就立即中断停止计时。通过不断检测产生波发射后遇到障碍物所反射的回波，从而测出发射超声波和接收到回波的时间差 T，然后求出距离 L。图 6-70 和图 6-71 分别为超声波测高仪和超声波测距仪。

图 6-69 激光测高测距仪

图 6-70 超声波测高仪

图 6-71 超声波测距仪

由于超声波受周围环境影响较大，所以超声波测距仪一般测量距离比较短，测量精度比较低。

3. 红外测高测距仪

红外测高测距仪（见图 6-72）是用调制的红外光进行精密测距的仪器，测程一般为 1～

5km。利用的是红外线传播时的不扩散原理：因为红外线在穿越其他物质时折射率很小，所以长距离的测距仪都会考虑红外线，而红外线的传播是需要时间的，当红外线从测距仪发出碰到反射物被反射回来，被测距仪接收到，再根据红外线从发出到被接受到的时间及红外线的传播速度，就可以算出距离。红外测距的优点是便宜、易制、安全，缺点是精度低，距离近，方向性差。

九、相序表

相序表是用来测量三相电源相序的仪器。最早的相序表内部结构类似三相交流电动机，有三相交流绕组和非常轻的转子，可以在很小的力矩下旋转，而三相交流绕组的工作电压范围很宽，从几十伏到500V都可工作。测试时，依转子的旋转方向确定相序。也有通过阻容移相电路，使不同相序就有不同的信号灯显示相序。

按指示方式可分为转盘式、指示灯两种，按接触方式可分为接触式、非接触型两种。

图6-73为转盘接触式相序表，图6-74为指示灯非接触相序表。

图6-72 红外测距仪

图6-73 转盘接触式相序表

十、SF_6定性检漏仪

SF_6定性检漏仪（见图6-75）用于对SF_6电器设备周围SF_6气体泄漏检测的专用仪器。主要技术指标有最小检测值、检测范围、灵敏度、使用环境等。

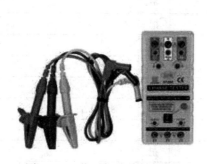

图6-74 指示灯非接触相序表

图6-75 SF_6定性检漏仪

▶ 第五节 电缆维护工器具

电力电缆的维护工器具主要分专用工器具、常用工器具、电源照明、排水排污等工器具（见表6-29）。本节重点介绍电力电缆运行维护工器具性能和使用等。

表 6-29 电力电缆维护工器具

序号	工器具类型	型号（规格）	单位	用途及使用说明
一、专用工具				
1	电动带锯		把	用于断切电缆
2	手动压钳	12t	套	用于电缆金具压接
3	电缆剥除器	φ35mm～φ60mm	套	用于剥除电缆绝缘半导电屏蔽层和电缆绝缘层等
4	电动电缆打磨机		把	用于打磨处理电缆绝缘层表面
5	电缆弯曲校直机	30×533mm	套	用于将电缆弯曲或校直
二、常用工具				
6	工具包		个	
7	弯式手剥刀		把	剥电缆
8	壁纸刀		把	剥电缆
9	粗齿平锉	8″	把	可用于打磨锉平金属表面
10	细齿平锉	8″	把	可用于打磨锉平金属表面
11	沾塑柄活动扳手	10″	把	
12	一字型穿心螺丝刀	8mm×200mm	把	
13	普通型测电笔		支	
14	专业级双色柄一字型螺丝刀	6.0mm×100mm	把	
15	专业级双色柄十字型螺丝刀	2mm×100mm	把	
16	钢丝钳	7″	把	
17	绝缘耐压斜咀钳	6″	把	
18	绝缘耐压钢丝钳	8″	把	
19	鲤鱼钳	8″	把	
20	迷你扁嘴钳	5″	把	
21	多用强力尖嘴钳	150mm	把	
22	万用剥线钳	6-1/2″	把	
23	钢卷尺	3.5m×19mm	把	测量尺寸
24	钢板尺及卡尺		把	测量细小尺寸
25	玻璃纤维柄羊角锤	160Z	把	
26	左头航空剪	10″	把	剪钢铁皮、铜皮、铝皮等
27	铝合金方管锯弓	12″	把	
28	链条扳手	15″	把	可用于扭转电缆的方向
29	万用表		块	可用于核相等工作
30	液化气喷枪		把	
31	电烙铁	100W	把	

序号	工器具类型	型号（规格）	单位	用途及使用说明
32	焊丝		卷	
33	焊锡膏		盒	
三、电源及照明				
34	发电机	2.5kW	台	
35	电源线	3mm×2.5mm	盘	
36	泛光工作灯组	1kW	台	无电源夜间抢修场地照明
37	便携式防爆灯		台	手提式照明
38	充电式泛光工作灯		台	无电源、无噪声电缆井下或夜间工作照明
四、排水排污				
39	汽油机抽水泵		台	电缆井内快速大面积抽水
40	潜水式电动抽水泵井盖开启钥匙		台	电缆井内积水坑部抽水

一、电动带锯

电动带锯是用回转的带状锯条进行锯截电缆、钢材、铝材、木工的电动工具。

GB 3883.1—2008《手持电动工具的安全 第一部分：通用要求》和 GB 3883.21—2007《手持电动工具的安全 第二部分：带锯的专用要求》对带锯作了规定。

1. 电动带锯的结构

电动带锯由电动机、涡轮、链条传动系统、锯条运行导向系统、防护罩、支架、挡杆、手柄和辅助手柄、开关及电源连接组件等组成，结构和实物图分别见图 6-76 和图 6-77。

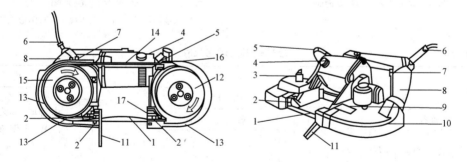

图 6-76 电动金属带的结构

1—锯条；2—滚动轴承；3—张紧手柄；4—电动机；5—辅助手柄；6—电源线组件；7—开关；8—手柄；9—塔牌；10—右支架；11—挡杆；12—左转盘；13—橡胶带；14—防护罩；15—右转盘；16—锯条挡块；17—滚动轴承

2. 电动带锯的使用方法

(1) 使用注意事项。

1) 保持工作场地整洁、明亮，杂乱、昏暗的场地和工作台会引发事故。

2) 使用电动带锯前，应先将被锯割的工件固定牢靠。

3）操作时应戴防护目镜，双脚站稳，保持身体平衡，不要穿宽松服装，戴好工作帽，将长发罩住，精力应集中，疲劳时不应再操作。

4）锯割时，不要过大地在电动带锯上施加压力。

（2）锯条选择。为延长锯条的使用寿命，要根据被锯割工件的材料大小、形状和材质选择相应的锯条。

二、压接模具

压接模具是在压接工艺过程中，借助压接钳的压力使导电金具和电缆导体的连接部位产生塑性变形，在界面上构成导电通路并具有足够机械强度。压接模具的正确设计和选用，关系到压接质量的稳定。压接模具的宽度取决于压接钳的出力。导体压接面的总宽度，应为当时压接管壁厚度的 2.75～5.5 倍。当压接钳压力一次不满足压接面宽度需要的压力时，可分两次压接。

压接模具有围压模和点压模两个系列。图 6 - 78 是几种模具图。图 6 - 78（c）所示的半圆压模适用于 $35kV$ $400mm^2$ 交联聚乙烯电缆接头。预制式电缆接头的压接应采用围压，因为围压工艺有利于预制件内半导体与接管的连接。表 6 - 30 是压接模具的规格尺寸表。

图 6 - 77　电动带锯实物图

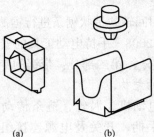

(a)　　　　　(b)　　　　　(c)

图 6 - 78　模具图
(a) 六棱围压模；(b) 点压模；(c) 圆形围压模

表 6 - 30　　　　　　　　　　压接模具的规格尺寸

压模型号		点 压 模										围 压 模			
		阴 模				阳 模									
		底径		腔高	腔厚	头高	头纵向长		头横向长		头端倒角	模口宽 D $+0.10$ -0	模腔高 H $+0.05$ -0	模腔厚 W $+0.2$	模腔倒角 r_1	模腔倒角 r_2
		2R	偏差	H	W	h	根部 D	端部 A	根部 C	端部 B	r					
T-16	L-10	9.1		10	30	5	10.68	8	5.68	3	1	7.8	3.4	10	1	1
T-25	L-16	10.1		12	35	6	12.22	9	7.22	4	1	8.7	3.7	10	1	2
T-35	L-25	12.1	$+0.1$ -0	13	35	6	12.22	9	7.22	4	2	10.2	4.4	10	1	2
T-50	L-35	14.1		16	40	6	14.29	10	9.9	5	2	12.2	5.2	12	1.5	2
T-70	L-50	16.1		17	45	8	14.29	10	9.29	5	2	14.2	6.1	13	1.5	2

三、电缆外半导体层剥除器

电缆外半导体层剥除器（见图 6-79）是用来剥除电缆绝缘外半导体层，以免造成主绝缘损坏的工具。要求适用于 35kV 240mm²、10kV 800mm² 以下，直径 10～60mm 电缆外半导体层剥除，剥切半导体厚度 0.1～1.4mm，可从末端剥除，也可从中间剥除。

四、电缆主绝缘剥除器

电缆主绝缘剥除器（见图 6-80）是用来剥除电缆主绝缘的工具。要求适用于 10kV 800m²；35kV 240m² 以下交联圆形电缆主绝缘层的剥除（包括内外半导层），电缆外径 10～60mm，绝缘层厚度 15mm 以下，可切剥角度。

五、电动电缆打磨机

电动电缆打磨机（见图 6-81）是用来电缆主绝缘外层打磨光滑的电动工具。要求砂带可伸缩，尽可能与电缆的外径同弧。

六、电缆矫直机

电缆矫直机（见图 6-82）是机械性地将电缆弧形改变成平直状况的一种液压机具。

图 6-79　电缆外半导体层剥切器

图 6-80　电缆主绝缘剥除器

图 6-81　电动电缆打磨机

图 6-82　电缆矫直机

在安装高压大截面电缆的过程中，需要将电缆端部原呈弧形状的一段改变成平直状，而有时候又需要将一段原呈平直状的电缆，局部改变成弧状。要完成电缆弧形变为平直状况，单凭人力是不行的，需要借助机械的力量。校直机是一种液压机具，它有 4 个或 3 个支点，将边上两个支点固定在电缆上，当中间两个或者一个支点，通过液压给予电缆一个向内推力时，电缆可以从弯曲状改变成平直状；反之，将边上两个支点反向固定，当中间两个或者一个支点给予电缆一个向外的推力时，电缆可从平直状变成弧形状。所以矫直机不仅能矫直，也能矫弯。

高压交联聚乙烯电缆在制作接头盒终端时，除应用机械矫直外，还必须对电缆端部进行加热矫直。加热矫直有以下两个作用：

（1）利用加热来加速交联聚乙烯沿导体轴向的"绝缘回缩"，使其在制造过程中存留在材料内部的热应力得到释放，从而减少安装后在接头处产生气隙的可能性。

（2）消除电缆由于装在电缆盘上形成的自然弯曲的影响。电缆在制造过程中，从热状态经过冷却，而后上盘存放，使电缆呈圆弧形状。在制作接头和终端时，必须使端部电缆平直，用加热矫直，使电缆经过数小时加热，而后被夹在金属"哈夫管"（两个半合成的钢管）中缓慢冷却，可使电缆端部保持平直，不会产生反弹。

加热矫直的工艺方法为：

（1）绕包加热带、安装热电耦、接入温度控制箱，通电加热；

（2）加热温度控制在 80～90℃，温度控制箱必须有专人监视，不得超过控制温度；

（3）终端加热时间为 3h，接头为 6h；

（4）应用两个半合成的钢管绑扎固定，加热完毕后，自然冷却至室温。一般情况下 10kV 不需采用。

七、电烙铁

电烙铁种类很多，结构各有不同，但其内部结构都由发热部分、储热部分和手柄部分组成。

通用的电烙铁按加热方式可分为外热式（见图 6-83）和内热式（见图 6-84）两大类。

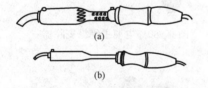

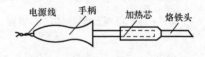

图 6-83　外热式电烙铁　　　　　　　　　图 6-84　内热式电烙铁
（a）大功率电烙铁；（b）小功率电烙铁

外热式按发热功率可分为 20、25、30、50、75、100、150W 等。

内热式按发热功率可分为 20、30、50W 等。

八、抽水泵

水泵通常把提升液体、输送液体或使液体增加压力，即把原动机的机械能变为液体能量从而达到抽送液体的目的。在电缆维护中，水泵主要用作电缆沟道、竖井、夹层、集水井等处的污水抽排。使用水泵型式主要为潜水泵及离心泵等。

JB/T 10179—2000《混流式、轴流式潜水泵》、JB/T 6534—2006《离心式污水泵　型式与基本参数》对潜水泵和离心泵作了规定。

潜水泵分为轴流式和混流式两种，基本参数见表 6-31。

表 6 - 31

潜 水 泵 基 本 参 数

序号	流量 Q (m³/h)	扬程 H (m)	转速 n (r/min)	电动机额定功率 (kW)	机组效率 (%)	泵名义比转数 n_s	序号	流量 Q (m³/h)	扬程 H (m)	转速 n (r/min)	电动机额定功率 (kW)	机组效率 (%)	泵名义比转数 n_s
1	1100	3	1450	15	65	1250	16	5660	3	580	75	69	1100
2	1100	45	1450	22	66	1000	17	5660	4.5	580	110	70	850
3	1100	7	1450	37	66	700	18	5660	7	580	160	71	600
4	1100	11	1450	55	68	500	19	5660	11	580	250	72	450
5	1100	17	1450	75	68	350	20	5660	17	580	400	74	300
6	1900	3	980	30	67	1100	21	9770	3	480	132	70	1250
7	1900	45	980	37	69	850	22	9770	4.5	480	185	71	1000
8	1900	7	980	55	69	600	23	9770	7	480	280	72	700
9	1900	11	980	90	71	450	24	9770	11	480	400	73	500
10	1900	17	980	132	72	300	25	9770	17	480	630	74	350
11	3280	3	740	45	68	1100	26	16 900	3	360	200	70	1250
12	3280	45	740	75	69	850	27	16 900	4.5	360	315	71	1000
13	3280	7	740	90	70	600	28	16 900	7	360	450	72	700
14	3280	11	740	132	71	450	29	16 900	11	360	710	73	500
15	3280	17	740	220	73	300	30	16 900	17	360	1120	74	350

离心泵分为单级、卧式或直立两种型式。排出口直径小于或等于 250mm 的泵的单吸、轴向吸入；排出口直径大于 250mm 的泵一般应为双吸。

常用离心泵基本参数见表 6 - 32。

表 6 - 32　　　　　　　　　**常用离心泵基本参数**

泵型号	流量 Q		扬程 H (m)	转速 n (r/min)	效率 η (%)	必需汽蚀余量 NPSH (m)	过流断面最小尺寸 h (mm)	泵排出口直径泵吸入口直径 (mm)
	m³/h	L/s						
25WG 25WGF 25WGL	7	1.94	30.0	2860	37	4.0	20	25/32
50WG 50WGF 50WGL	27	7.50	45.0	2940	45	5.3	40	50/65
50WD 50WDF 50WDL	27	7.50	18.0	1470	45	4.0	40	50/65

续表

泵型号	流量 Q		扬程 H (m)	转速 n (r/min)	效率 η (%)	必需汽蚀余量 NPSH (m)	过流断面最小尺寸 h (mm)	$\frac{泵排出口直径}{泵吸入口直径}$ (mm)
	m^3/h	L/s						
80WG 80WGF 80WGL	85	23.60	44.0	2940	63	5.5	50	60/100
80WD 80WDF 80WDL	85	23.60	18.0	1470	64	4.0	50	60/100
100WG 100WGF 100WGL	170	47.22	28.0	1470	66	4.0	70	100/150
100WD 100WDF 100WDL	140	38.89	14.5	970	66	2.5	70	100/150

在电缆沟道维护中，一般使用汽油机（见图 6-85）与离心泵共体抽水泵，进出口径 50/65～100/100mm，扬程为 18m。以其携带方便，操作简便，维护量小而广泛使用。

九、便携发电机

发电机是将其他形式的能源转换成电能的机械设备。在配电线路及电缆的维护过程中，主要使用小功率便携式发电机进行现场照明、沟道抽水、设备试验等工作。

常用的发电机有柴油发电机、汽油发电机（见图 6-86）等。输出功率一般有 1～10kVA。

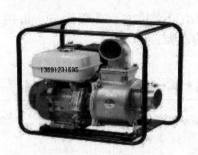

图 6-85　汽油机抽水泵

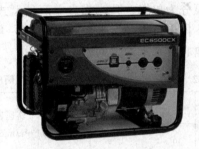

图 6-86　汽油发电机

十、游标卡尺

游标卡尺（见图 6-87）是带有测量卡爪并用游标读数的通用量尺。是一种测量长度、内外径、深度的量具。游标卡尺由主尺和附在主尺上能滑动的游标两部分构成。主尺一般以毫米为单位，而游标上则有 10、20 或 50 个分格，根据分格的不同，游标卡尺可分为十分度游标卡尺、二十分度游标卡尺、五

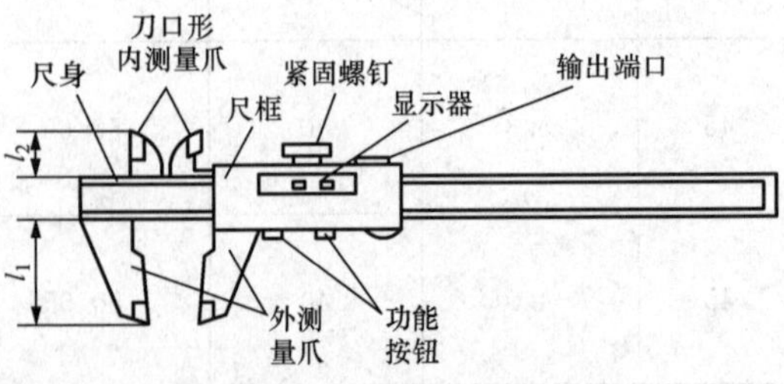

图 6-87　游标卡尺

十分度格游标卡尺等。游标卡尺的主尺和游标上有两副活动量爪，分别是内测量爪和外测量爪，内测量爪通常用来测量内径，外测量爪通常用来测量长度和外径。

1. 游标卡尺的精度

常用游标卡尺按其精度可分为 3 种：即 0.1、0.05mm 和 0.02mm。精度为 0.05mm 和 0.02mm 的游标卡尺的工作原理和使用方法与本书介绍的精度为 0.1mm 的游标卡尺相同。精度为 0.05mm 的游标卡尺的游标上有 20 个等分刻度，总长为 19mm。测量时如游标上第 11 根刻度线与主尺对齐，则小数部分的读数为 11/20mm＝0.55mm，如第 12 根刻度线与主尺对齐，则小数部分读数为 12/20mm＝0.60mm。

2. 注意事项

（1）游标卡尺是比较精密的测量工具，要轻拿轻放，不得碰撞或跌落地下。使用时不要用来测量粗糙的物体，以免损坏量爪，避免与刃具放在一起，以免刃具划伤游标卡尺的表面，不用时应置于干燥地方防止锈蚀。

（2）测量时，应先拧松紧固螺钉，移动游标不能用力过猛。两量爪与待测物的接触不宜过紧。不能使被夹紧的物体在量爪内挪动。

（3）读数时，视线应与尺面垂直。如需固定读数，可用紧固螺钉将游标固定在尺身上，防止滑动。

（4）实际测量时，对同一长度应多测几次，取其平均值来消除偶然误差。

十一、钢锯

锯弓是用来安装和张紧锯条的工具，可分为固定式和可调式两种。

如图 6-88 所示为固定式锯弓，在手柄的一端有一个装锯条的固定夹头，在前端有一个装锯条的活动夹头。

如图 6-89 所示为可调整式锯弓，与固定式弓锯相反，装锯条的固定夹头在前端，活动夹头靠近捏手的一端。固定夹头和活动夹头上均有一销，锯条就挂在两销上。这两个夹头上均有方榫，分别套在弓架前端和后端的方孔导管内。旋紧靠近捏手的翼形螺母就可把锯条拉紧。需要在其他方向装锯条时，只需将固定夹头和活动夹头拆出，转动方榫再装入即可。

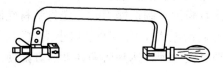

图 6-88　固定式锯弓

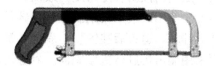

图 6-89　可调整式锯弓

十二、锤

锤是用于敲击或锤打物体的手工工具，由锤头和握持手柄两部分组成，见图 6-90。

锤头按材质分，有钢、铜、铅、塑料、木头、橡胶等。结构有实心固定式、锤击面可换式和填弹式。实心固定式锤头使用最广。锤击面可换式锤头的两个敲击面可卸可换，可以换配各种材质和硬度的锤击面，故敲击范围很大。填弹式锤头内装有钢丸或铅粒，使用时可消除反弹，又称无反弹锤。反弹的消除，可显著地降低操作者的疲劳感。钢锤锤头的一端或两端的锤击面均经过充分的热处理，具有很强的坚硬性；中段一般不经热处理，具有良好的弹韧性，在锤击过程中能起缓冲作用以防止锤头爆裂。锤头的中心处开有孔洞，以便安装

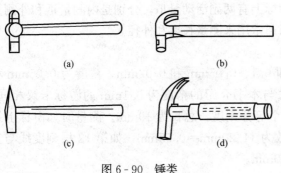

图 6-90 锤类

(a) 圆头锤；(b) 羊角锤；(c) 斩口锤；(d) 铁柄羊角锤

手柄。

手柄有木柄、钢柄和以玻璃纤维制作的塑料柄等。木柄多用胡桃木、槐木等硬质木材制成，弹韧性好，但易受气候影响，伸缩性大，逐渐为后两种材质的锤柄所取代。

锤的使用极为普遍，形式、规格很多。常见的有圆头锤、羊角锤、斩口锤和什锦锤等。

圆头锤又称奶子锤。是冷加工时使用最广的一种手锤。它的一端呈圆球状，通常用来敲击铆钉；另一端为圆柱平面，用于一般锤击。

羊角锤木工专用的手锤。除用于敲击普遍非淬硬的铁钉，还可通过另一端的羊角状双爪卡紧并起拔铁钉，或撬裂、拆毁木制构件。

十三、锉刀

锉刀是一种通过往复摩擦而锉削、修整或磨光物体表面的手工工具。

锉刀由表面剁有齿纹的钢制锉身和锉柄两部分组成，大规格钢锉（又称钳工锉）的锉柄上还配有木制手柄。

锉身的外部形状呈长条形，其截面主要有扁平形、圆形、半圆形、方形和三角形五种，可适应各种表面形状工件的加工需要。特殊用途的锉刀还可制成各种奇特的外形。锉刀的钢制锉身工作面上，沿轴线方向有规律地剁有无数条锋利的刃口纹路。

按锉齿排列的疏密程度，锉刀可分成粗齿锉、中齿锉和细齿锉三类。齿纹特别细密的俗称油光锉，用于修整要求表面精细光洁的工件。

按加工对象，锉刀又可分为单纹锉和双纹锉。单纹锉刀工作面上的锉纹呈斜向平行排列或沿中线对角排列，常用于锉削五金材料和木质材料；双纹锉刀工作面上的锉齿交叉排列，且齿尖一般向前倾斜一定角度，故而锉刀只在一个方向有锉削功能。

锉刀一般用碳素工具钢制造，含碳量很高，比较脆硬。制造锉刀时，先将钢材轧制成各种形状的锉坯，退火后在锉坯上剁齿。最初的锉刀剁齿系人工用一种平口小凿攻凿而成的，近代则采用剁齿机进行机械剁齿。剁好齿的锉刀经过热处理，达到所需硬度后方能使用。常见的锉刀有钳工锉、整形锉、异形锉、钟表锉、锯锉和软材料锉等。

电缆加工维护主要使用钳工锉。钳工锉一般规格较大，通用性也强。特别适于锉削或修整较大金属工件的平面以及孔槽表面。

十四、电缆故障测试仪

电缆故障测试仪是电缆故障时，用于探测故障位置的综合性的仪器。应对电缆的高阻闪络故障，高低阻性的接地，短路和电缆的断线，接触不良等故障进行测试。

电缆故障测试仪一般具备低压脉冲、高压脉冲、路径寻找、音频定点等功能，并配备相应的设备仪器。

❓ 复习思考题

1. 试述安全帽、安全带的分类。
2. 试述验电器的组成。10kV 验电器最小有效绝缘长度和最小手柄长度是多少？
3. 绝缘手套使用和保管应注意什么？
4. 什么叫核相器？
5. 有害气体检测仪有哪些类型？
6. 试述油锯的使用注意事项。
7. 架空配电线路事故巡视时应佩戴哪些工器具？
8. 国标规定脚扣的额定荷载是多少？静荷载试验周期是多长时间？
9. 试述梯子的使用注意事项。
10. 游标卡按精度如何分类，使用中应注意什么？

参 考 文 献

[1] 山西省电力公司. 线路运行与维护. 北京：中国电力出版社，2009.
[2] 关城. 供用电工人技能手册 配电线路. 北京：中国电力出版社，2008.
[3] 尹庆福. 供用电工人技能手册 送电线路. 北京：中国电力出版社，2005.
[4] 武汉供电公司. 架空配电线路作业工艺. 北京：中国电力出版社，2009.